无公害农产品
安全生产手册丛书

[养　殖　类]

无公害黄鳝、泥鳅安全生产手册

农业部市场与经济信息司　组编
陈焕根　主编

中国农业出版社

图书在版编目（CIP）数据

无公害黄鳝、泥鳅安全生产手册/陈焕根主编；农业部市场与经济信息司组编．—北京：中国农业出版社，2007.10

（无公害农产品安全生产手册丛书）

ISBN 978-7-109-11823-2

Ⅰ．无…　Ⅱ．①陈…②农…　Ⅲ．①黄鳝属—淡水养殖—无污染技术—技术手册②鳅科—淡水养殖—无污染技术—技术手册　Ⅳ．S966.4-62

中国版本图书馆 CIP 数据核字（2007）第 132233 号

中国农业出版社出版

（北京市朝阳区农展馆北路 2 号）

（邮政编码 100125）

责任编辑　黄向阳　林珠英　张志

北京智力达印刷有限公司印刷　　新华书店北京发行所发行

2008 年 1 月第 1 版　　2009 年 9 月北京第 3 次印刷

开本：850mm×1168mm　1/32　　印张：8.25

字数：205 千字　　印数：14 001~20 000 册

定价：15.00 元

《无公害农产品安全生产手册》丛书
编 写 委 员 会

编者名单

主　编　陈焕根

编　者　（以姓氏笔画为序）

陈兆芳　顾树信

唐明虎　梅肖乐

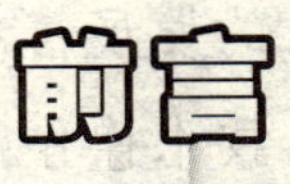

前言

黄鳝和泥鳅是我国分布较广泛的淡水名优鱼类，肉质细嫩，味道鲜美，营养丰富，富含DHA、EPA和其他药用成分，是深受国内外消费者喜爱的美味佳肴和滋补保健食品，市场前景广阔。据调查，目前国内市场黄鳝和泥鳅年需求量近600万吨，日本、韩国每年进口100万吨，且每年进口量有上升的趋势，日本、韩国及我国港澳地区需求旺盛。市场的主要货源来自野生捕捞，但由于人为的过度捕捞、农药毒害和环境污染，野生黄鳝和泥鳅资源已日渐减少，市场供不应求。

近几年来，受市场需求的刺激，发展黄鳝和泥鳅养殖的热潮已经兴起。群众性的人工养殖黄鳝和泥鳅已渐渐形成规模，从稻田的粗养到池塘及网箱的精养，从庭院的暂养到一定规模化养殖，养殖技术、繁育苗种技术、饲料配给和病虫害的防治技术均有很大的突破，并由此带动了黄鳝、泥鳅的加工业，极大地促进我国黄鳝和泥鳅产业的发展。目前，在长江两岸的淡水水域，这一项目已经形成新的产业之势。农业部根据国际、国内的发展情况，及时制定了无公害食品的系列质量标准和技术操作规范，使黄鳝和泥鳅的养殖质量标准及操作技术，有规可循，有法可依，促使黄鳝和泥鳅的养殖业沿着健康、规范的道路朝着集约化、产业化发展。

本书是作者在多年从事黄鳝和泥鳅养殖实践、科研、技术推广工作基础上，收集汇编整理科技人员在有关黄鳝、泥鳅的科研应用方面所取得的新成果，以及从事黄鳝、泥鳅养殖的实际生产经验，并结合国家颁布的无公害食品标准和技术操作规程的内容编写而成。书本着重讲述了最新研究成果的应用，最新养殖技术和规范操作技术，同时也介绍了必要的有关基础理论知识，可满足广大农民及生产者的需要，也可供从事水产科研和教学的工作者参考。

由于当前对黄鳝和泥鳅的研究工作仍在不断加强和深入，技术也在不断提高和改进，加上编写者的水平有限，书中难免有错漏和不足之处，诚望广大读者提出宝贵意见。

本书在编写过程中，得到江苏省水产系统有关领导和专家的大力支持和帮助，同时，本书稿中采用了有关同行撰写的文献，在此表示衷心的感谢。

编　者

目录

第一篇

黄鳝无公害养殖技术

第一章

概　述

第一节　黄鳝的种类及分布

黄鳝肉质细嫩，味道鲜美，营养丰富，别具风味，且有很高的药用价值，为深受人们喜爱的美味佳肴和保健食品，是我国重要的淡水经济鱼类之一，也是我国名、特、优水产品中的一个主要种类。人工养殖黄鳝具有方法简便、占地少、周期短、见效快、效益高等特点，是我国淡水渔业产业结构调整的好品种。

一、种　类

黄鳝，又名鳝、长鱼、鳝鱼、罗鳝、蝉鱼、无鳞公子等，在动物分类学上属鱼纲、合鳃目、合鳃科、黄鳝亚科。目前，经考察确定的合鳃科就此一种，另有合鳃鳝、肺囊鳝均记录不详。据观察，黄鳝体色有深黄或浅黄夹带黑斑点、青灰或浅灰夹带黑斑点等颜色之分，以前两种黄鳝生命力强，生长快，为优良品种；脊侧和颈部发黄的黄鳝也是不错的人工养殖好品种。

二、分　布

黄鳝是一种亚热带淡水鱼类，广泛分布于亚洲东部及南部的中国、朝鲜、日本、泰国、印度尼西亚、马来西亚、菲律宾等国。我国除了黑龙江、青海、西藏、新疆以及南海诸岛等地区很少以外，其他地区均有不少分布，尤以长江中下游地区，分布密度大，产量高，每年的4～8月为上市旺季。近年来，我国黄鳝养殖得到了长足发展，大部分省市都开展了黄鳝养殖，养殖产量和养殖技术不断提高，黄鳝已成为水产养殖调整的重点品种之一。

第二节　黄鳝的概况

一、黄鳝的养殖历史

我国具有丰富的黄鳝自然资源，过去无论对外出口或国内上市，都为天然捕捉的黄鳝。但是，农药的大量使用、环境污染等原因造成野生资源日见匮乏，天然捕捉的黄鳝越来越少，个体也越来越小，而随着人民生活水平的不断提高，国内外市场需求量越来越大，天然捕捞量已远远不能满足日益增长的需求，市场供需矛盾促使黄鳝的价格不断上扬。为满足需求，20世纪70年代后期，湖北、湖南、江苏、浙江、河北和四川等地相继开展了黄鳝的人工繁殖和养殖试验研究。20世纪80年代中期以来，许多科研单位、大专院校、生产企业对黄鳝生物学特性和人工养殖技术，进行攻关研究，也有不少研究成果。特别是近几年，水产科技工作者在黄鳝的人工养殖、规模化苗种繁育、配合饲料的生产及病害防治技术等方面均取得了突破性进展，为黄鳝的人工养殖提供了技术支撑。

近年来，我国黄鳝养殖发展相当快，在长江流域和珠江流域盛产黄鳝的地区，生产者利用各种形式饲养或暂养黄鳝，如稻田、网箱、水泥池、池塘及农村的坑凼、庭院等，虽然目前较大规模养殖的不是很多，但这些不拘形式饲养的小水体，在农村及城郊其面积和产量相当可观。据湖北省2006年不完全统计，网箱养鳝在农村已发展到 150 万口箱之多，面积达近 4 000 万米^2，产量在 20 万吨左右，产值可达 50 亿元。

二、黄鳝的经济价值

（一）黄鳝营养与保健价值

黄鳝肉味鲜美，别具风味，肉厚刺少，肉质细嫩，营养丰富。黄鳝具有“一高二低”的特点，即蛋白质含量高，脂肪及胆固醇含量低，而且脂肪含量低于其他名优水产品。黄鳝含有丰富的人体所需的钙、磷、铁等微量元素和硫胺素（维生素 B_1）、核黄素（维生素 B_2）、尼克酸（维生素 PP）、抗坏血酸（维生素 C）等多种重要的营养成分，有极高的食用价值。据测定，每 100 克鳝鱼肉中，含蛋白质 18.8 克，脂肪 0.9 克，热量 1 451.85 焦，钙 38 毫克，磷 150 毫克，铁 1.6 毫克，维生素 A 5 000 个国际单位，硫胺素 0.02 毫克，核黄素 0.95 毫克，尼克酸 3.1 毫克。鳝鱼肉中蛋白质含量高于猪肉、蛋类，也高于一般家鱼，可做成多种美味佳肴，一般吃法有焖鳝段、炒鳝片、炒鳝糊、鳝鱼面等，著名的“淮安软兜”更是一道名菜，堪称一绝。随着加工工艺的创新，其可食部分高达 93%以上。据美国、日本有关研究机构和我国上海水产大学的有关研究，黄鳝肌肉血液内含有丰富的 THA（二十二碳六烯酸）、EPA（二十碳五烯酸）及卵磷脂。这三种物质具有健脑防衰、抑癌、抗癌、抑制心血管病和消炎的特殊功效，多食、常食有利于身体健康。

（二）研究价值

黄鳝具有雌雄同体、先做母再当父的性逆转现象，吸引了不少国内外学者对其进行研究探讨。近半个世纪，人们已对黄鳝的形态学、生理学以及生态学的研究有所进展，特别是近几年在黄鳝的性逆转现象及相关物质的关系、繁殖生物学、养殖生物学、营养和病害防治等方面的研究有很大进展，为黄鳝养殖的推广起到很大促进作用。当然，黄鳝性逆转的机理及内分泌物的改变，还有在繁殖季节亲鳝为孵化卵而吐出的泡沫的特殊生理功能，以及黄鳝消化道内各种酶的特性、含量等还是个谜，不少学者仍在研究。在科学领域里，黄鳝具有重要的基础理论研究价值，相信在不久的将来，人们对黄鳝的不断研究，终究能探讨出黄鳝性逆转的遗传基因及其发育机制，并揭示出其神秘的“阴阳之变”。

（三）市场前景

黄鳝可食部分约占体重的65%，肉、血、皮都可直接烹食外，亦可加工成各种滋补食品，另外35%，即黄鳝的头、尾、骨等可加工成动物性蛋白饲料。黄鳝以其鲜美的口味、较高的营养价值和独特的滋补功效深受国内外广大消费者的青睐，具有广阔的国内市场和国际市场，一直供不应求，价格逐年上升，市场价已由20世纪80年代的2～5元/千克，涨到目前的30～100元/千克，最高达140元/千克（苏州、上海等地区）。

即使同一地区、不同季节，差价也很大。春夏季的价位比冬季特别是春节前后的价要低一半左右。如在每年的上半年，武汉市市场上大鳝的批发价格在12～16元/千克，春节前后达30～50元/千克。2005年春节，南京批发市场大鳝（200克/尾以上）价格36～42元/千克，正月初五至初十达到60～80元/千克。因此，暂养黄鳝巧赚地区差或季节差，已在全国各地均有不同规模，形成了黄鳝特有的追利一族。在国内，黄鳝的需求量每年近300万吨，仅在沪、宁、杭一带春节前后，日供需缺口达100吨以上。另外，黄鳝也是我国传统出口水产品，具有广阔的国际市场。近几年，日本、韩国每年需进口20万吨，港、澳地区的需求量也呈增长趋势，常常是供不应求，货源不足。

第三节 黄鳝的养殖现状和前景

我国当前的黄鳝养殖和加工出现了良好的发展势头，群众养鳝的积极性较高，在一定的地区或范围内形成了黄鳝养殖热潮和相关产业。然而，由于受试验研究起步较晚、科技储备不足、技术支撑落后等客观因素的制约，黄鳝养殖、加工及经营中仍存在着较多亟待解决的问题。

一、养殖现状的主要特点

1. 科研落后于生产的局面有所改善 我国人工黄鳝养殖的历史较短，近年来各地加大了对黄鳝养殖、繁殖、营养等方面的研究力度，新成果、新经验、相关项目的实施比前十年大为增加，科技含量大为提高，成果转化为生产力的速度大大加快，促进了黄鳝多种养殖模式技术不断提高，科研落后于生产的被动局面有所改观。

2. 规模化、工厂化养殖呈现良好势头 传统的、零星的、分散的单池养殖形式已逐渐被淘汰，规模连片养殖发展迅速，高效养殖势头强劲，加工出口产品亦逐年上升。四川简阳市黄鳝“养殖大王”王太新创建的生态养殖场，年创产值百万元，安徽淮南的皖龙鳝业有限公司的工厂化养鳝、湖北等地的池塘网箱养鳝越来越受到各方面的关注。黄鳝产业的投资也出现了多元化趋势，几年前群众只是作为副业利用沟渠洼地和空闲的浅水塘进行零星养殖，而目前养鳝业已被一些社会力量看好，开始注入资金，进行规模化生产和经营。

3. 黄鳝产品在国际市场上的地位日益提高 据销售美国产品的信息反馈，美国市场对我国黄鳝、泥鳅等名优水产品的需求现状是供不应求，市场潜力很大，但黄鳝规格、质量要求高，一般为150克/尾以上，要求达到美国食品卫生标准。因此，开展无公害黄鳝养殖，生产大规格商品鳝对开拓国际市场非常重要。

4. 加工产业开始受到行业重视 目前除活鳝出口外，已出现烤鳝串、黄鳝罐头、鳝丝、鳝筒等加工产品。韩国很早便向日本出口剥皮鳝，我国在剥皮鳝加工方面尚为空白，尽管如此，黄鳝加工业已受到水产加工企业、社会投资商和经营者的高度重视。

5. 信息化促进了黄鳝产业的发展 现代信息推进了黄鳝业的快速发展，水产科研部门和生产者开始重视产业信息，有一定规模的养殖公司、场所和专业大户先后建立了黄鳝产、供、销网址和网页，将商品鳝及种苗等信息搬上了互联网，但整个水产业利用信息网络发展自身产业还相对滞后。

二、存在的主要问题

1. 加强种质保护和亲本选育 近年来黄鳝养殖所需种苗主要依赖天然捕捉，使黄鳝资源受到很大的破坏。农药大量使用、工业污染、人为环境改造等因素加剧了黄鳝资源的衰退，天然捕捞量越来越少，天然黄鳝资源亟待保护。黄鳝良种选育工作在我国尚是空白，必须加强黄鳝良种选育工作，为养殖户提供生长快、抗病力强的品种。

2. 种苗生产的规模化程度不高 种苗是生产的基础。黄鳝的怀卵量相对较小，人工繁殖技术尚未成熟，规模化人工繁育受到制约，至今还没有一家规模化的黄鳝苗种生产企业。苗种已成为制约黄鳝养殖发展的瓶颈。加强黄鳝全人工繁殖研究，开展规模化人工繁殖已刻不容缓。

3. 配合饲料研制进展不快 由于黄鳝特殊的食性，仅靠鲜活生物饵料不能满足规模化生产的需要，投喂鲜活饵料也不利于产品质量和养殖环境的控制，养殖成本高。在规模化黄鳝生产中，投喂配合饲料是大势所趋。目前黄鳝全价饲料的研制工作还处于初级阶段，对黄鳝营养需求尚无。

4. 集约化养殖技术有待提高 我国目前的集约化养鳝单产为10～20千克/米^2，而日本、新加坡等国开发的立体集约化养鳝，集约化程度高，单层产量达50千克/米^2。我国集约化养殖技术有待提高。随着养鳝集约化的发展，鳝病越来越多。据资料统计，目前各类鳝病已达近30种之多，这方面的研究又滞后于生产发展，黄鳝的疾病已成为制约生产发展的主要因素。

三、发展态势与对策

1. 加大科研投入，努力增加科技储备 科研投入包括科研资金投入和科研力量投入，研究的主要内容包括黄鳝生理、营养、生态特性的基础研究，黄鳝生产最佳环境（水质、水温、溶氧等）的研究，全价人工配合饲料的开发研究，种苗繁育与批量生产等方面的研究。尽管当前黄鳝种苗生产不尽如人意，但已引起有关领导部门和科研单位的高度重视，长江中下游诸多省份的水产科研、推广部门已将黄鳝的种苗生产列为重点研究内容和攻克方向，如江苏、湖北等省多次将黄鳝种苗繁育与饲料攻关等立项研究。

2. 投资经营主体多元化 现代化大生产离不开大中型企业、投资商的支持，黄鳝生产也是如此。黄鳝养殖的较高效益已开始受到投资者的注意，吸引了一些企业家投资相关产业。相信会有更多的企业、投资商涉足黄鳝产业，解决目前投资不足问题，实现投资多元化。

3. 生产形式实现规模集约化 黄鳝特殊的习性，尤其是适应浅水生活的习性，较适合工厂化立体养殖，更适合人工调温、控温条件下的集约化养殖。目前，工厂集约化养鳝已形成一定的规模，社会投资的参与和投资多元化，零星的小生产形式将会由批量、规模生产的工厂化、集约化生产所代替。

随着生产发展，黄鳝疾病出现多样化和复杂化趋势。解决此问题单纯靠投药防治不是最好办法，应大力推广无公害生态养鳝技术，加强投入品控制，最大限度地减少养殖过程中药物的使用，从而减少鳝体药物残存程度，提高黄鳝品质，这不仅有利于出口换汇，更有利于人体健康。

4. 科研、生产、加工实现一体化 实现科研、生产、加工一体化是现代商品生产的必然趋势，将科技成果、技术专利直接与生产加工相结合，直接转化为生产力是发展的必然要求。目前我国的出口产品仍以活黄鳝为主，以后要研究黄鳝的保健食品、快餐食品等产品研发。加快产品深加工研究，增加出口换汇能力是今后的发展趋势。

5. 流通、营销实现国际贸易化 我国加入世界贸易组织后，拓宽国际市场黄鳝产品的销售量显得非常重要。20 世纪 70～80 年代初，黄鳝出口贸易由国家外贸部门统一组织经营，80 年代末期开始，外贸部门已放开黄鳝、珍珠等品种的统一出口经营权，目前出口是各自为战、零打碎敲。随着商家、财团参与黄鳝产业，流通、营销实现国际贸易化指日可待。

6. 运用法律法规保护天然黄鳝资源 一是要严格控制捕捉量和上市规格；二是确定繁殖保护期，在黄鳝繁苗期内禁捕黄鳝。应当依法制订保护措施，切实加强对黄鳝资源的养护。同时，加快黄鳝规模化人工繁育的研究进程。只有人工繁育的种苗达到批量供给，才能减少养殖户对天然黄鳝种苗的依赖。

第二章

黄鳝的生物学特性

黄鳝为温热带淡水鱼类，在长期的生存竞争中，对环境条件产生了很多适应性，形成了黄鳝特有的生物学特性。

第一节 分类地位

在鱼类分类学中，黄鳝属硬骨鱼纲，合鳃目，合鳃科，黄鳝属。在合鳃目中，只有黄鳝一个种。

第二节 形态特征

黄鳝头大而圆，吻部尖细，唇发达，下唇尤为肥厚，无须，形体细长，前端呈圆柱形，横断面近于圆形，尾端尖细侧扁，呈蛇形。体长为体高的 21.7～27.7 倍，为头长的 10.8～13.7 倍，头长为吻长的 4.5～6.1 倍。体表光滑，无胸、腹鳍，背、臀、尾鳍退化，仅留不明显的低皮褶。表皮呈黄褐色或青褐色，具不规则的黑色斑点，腹面灰白色，极少数体表呈淡粉红色，无鳞，富有黏液。侧线部位略凹，腹部灰白色。口大，端位，上颌稍突出，上下颌及腭骨上有细齿，唇颇发达，口裂后方延伸达眼的后缘。眼极小，有皮褶覆盖。在眼与吻端的两侧有一对鼻孔，孔内有发达的嗅觉小褶，具有接收水中饵料生物散发出的微弱气味的能力，嗅觉十分灵敏，为觅食的主要器官。刚孵出的鳝苗具胸鳍，上面布满血管网，靠胸鳍的扇动进行呼吸活动。长大后，胸鳍退化。

黄鳝的鳃孔较小，左右鳃孔在腹面合二为一，呈倒V形裂缝，鳃3对，鳃丝极短，呈退化状。第3、4鳃弓咽鳃骨上有上咽齿；第5鳃弓仅1片骨片，上有下咽齿，上下咽齿均呈细小的绒毛状。黄鳝身体由骨骼、肌肉及消化、呼吸、排泄、生殖、神经、感觉、循环、内分泌等组织器官构成。黄鳝体形长，脊椎节数多，肛前脊椎数一般为84～97节，尾椎节数为75节左右。腹腔膜呈黑色，肠短，无盘曲，一般等于头后体长，即体长大于肠长，肠中段有一结节，将肠分为前后两部分。黄鳝伸缩性大，无鳔，心脏离头部较远，在鳃裂后几厘米处。黄鳝的生殖腺不对称，右侧生殖腺已退化，位于右侧的膀胱呈带状，较大，和左侧的生殖腺相对。

发展黄鳝养殖，首先要有好的鳝种。从目前各地养殖的鳝种来源来看，黄鳝至少有6个地方种群，而这些种群对养殖环境的适应能力、生长速度和养殖效果各不相同。开展黄鳝养殖，选购鳝种时要特别注意，选好了养殖品种，才能取得满意的养殖效果。

（1）深黄大斑鳝。该鳝身体细长，体圆，体形标准，体表颜色深黄，背部和两侧分布有褐色大斑，大斑从体前端至体后端在背部和两侧连接成数条斑线。生产实践表明，深黄大斑鳝适应环境能力较强，生产速度较快，个体较大，鳝肉品质较佳，养殖效果较好。在养殖条件下，深黄大斑鳝的增重倍数可达5～6倍，是国家行业标准《无公害食品黄鳝养殖技术规范》（NY/T 5169—2002）推荐养殖的鳝种。

（2）土红大斑鳝。体色土红，尤以两侧较明显。环境适应力较强，生长速度较快，个体较大，养殖效果也较好。在养殖条件下，增重倍数可达4～5倍，是国家行业标准《无公害食品黄鳝养殖技术规范》（NY/T 5169—2002）推荐养殖的鳝种。

（3）浅黄细斑鳝。浅黄细斑鳝，体色浅黄，斑点细密不明显，几乎无斑线。该鳝体形也较标准，体色亦浅黄色，身上的褐黑色斑纹比较细密，生命活力较强，但生长速度不如深黄大斑鳝。在养殖条件下，增重倍数可达 3～4 倍。该鳝在自然鳝群中数量最多，来源方便，故该鳝也是发展人工养殖、解决鳝种的重要来源。

（4）青灰色鳝。该鳝体细长，体色呈青灰色，身体上有细点状褐色斑点，但没有形成斑线。青灰色鳝适应环境的能力相对较弱，生长速度较慢，个体相对较小。在养殖条件下，该鳝增重倍数只有 1～2 倍，养殖效果不如前几种鳝好，一般不宜选作人工养殖的鳝种。

此外，在黄鳝的自然种群中，还有浅白色鳝和浅黑色鳝，数量不多，生长不快，外相不好，一般也不宜用来发展黄鳝养殖。

目前黄鳝苗种的大规模生产技术还未完全过关，鳝种来源，一是靠从市场上选购，二是靠养殖单位自己捕捉。市场上的小黄鳝又是提供鳝种的重要来源。因而，要养好黄鳝，除了选购良种外，还要把好鳝种质量关。

第三节　生活习性

一、栖息特性

黄鳝为底栖性鱼类，适应能力较强，对水质要求不严，在有机质较多水体中都能生存，多栖息于河流、池塘、湖泊、水田、沟渠等静止水体的埂边，深水或流水中很少有鳝鱼生活。它除了具有一般鱼类的生活习性外，还具有以下特点。

（一）洞穴生活

黄鳝喜欢在水体的泥质底层或埂边钻洞穴居。洞道弯曲，多分叉，约为鱼体全长的 3 倍左右，每个洞穴至少有 2 个洞口，有的黄鳝洞穴口有 3 个甚至多个，结构复杂，一般相距 60～90 厘米。其中有一个洞口留在近水面处，便于呼吸，另一个洞口通常离水面 10～30 厘米，供外出觅食或作临时退路；在水位变化大的水体，有时甚至有 4～5 个洞口。在稻田内 90％的黄鳝沿丰产沟作穴，栖息在稻田中间的很少。池塘里的黄鳝也多在浅水区域活动。看洞穴大小便知鳝鱼大小，其穴深离地表 30 厘米，捕鳝时，只要堵住一个洞口之后，在另一个洞口守株待鳝，常可一举而获。黄鳝亦常利用天然缝隙、石砾间隙和漂浮在水面的水草丛作为栖息场所。

（二）喜暗避光

黄鳝营底栖生活，适应能力较强，以腐殖质较多的泥底、偏酸性水域最为适宜。眼退化，视觉极不发达，喜暗避光，昼伏夜出，白天潜入泥底及池堤洞穴或石缝中，很少活动；夜间出穴觅食，活动频繁，阴天也不例外，渔（农）民常利用其特性，在夜间用灯光照捕。

（三）喜温暖

黄鳝为变温动物，体温随外界温度的变化而变化，活动与水温关系密切。水温高则藏于洞穴中，水温低则停食，冬季有“蛰伏”习性，水温下降到 10℃以下时，便钻入 21～25 厘米深的洞穴中，进入冬眠状态达数月之久。翌春水温回升到 10℃以上时又出穴活动觅食。生存水温最低 4℃，最高 40℃，最适生活水温 16～28℃。

（四）耐低氧

黄鳝的鳃相当退化，只有鳃耙的痕迹，从水中呼吸溶解氧的能力大大下降，靠口腔、咽腔和肠内壁表皮的血管网等辅助呼吸器进行呼吸，即使在溶氧充足的水体中，也要把头伸出水面呼吸。在浅水中，常竖立前半段身体，将吻伸出水面，鼓起口腔吸入空气，把空气储存于口腔、咽腔和喉部进行气体交换，所以鳝鱼的喉部特别大。若水体的水位过高，长时间不能将头伸出水面，即使水中溶氧丰富，也会窒息而死。所以，养鳝池水位一般以10～20厘米为好（有水草丛例外）。黄鳝比一般鱼类更耐低氧，水中溶解氧在3毫克/升以上时，活动正常，溶解氧低于2毫克/升时，出现异常活动。黄鳝的窒息点是0.17毫克/升。黄鳝辅助呼吸器官发达，能直接利用空气中的氧，所以黄鳝出水后，只要保持皮肤潮湿，就可不致死亡，这种特性有利于进行长途运输和高密度养殖。

二、食性与生长

（一）食性

1. 食性　黄鳝是以动物性食物为主的杂食性鱼类，喜食新鲜活饵，性贪食，耐饥饿。在天然水域中，黄鳝苗种阶段主要摄食轮虫、枝角类、桡足类和原生动物等大型浮游动物，还有不少浮游植物、有机碎屑及丝状藻类等，如黄藻、裸藻、硅藻等。幼鳝阶段主要捕食各种水陆生昆虫及幼体，如摇蚊幼虫、丝蚯蚓等；成鳝阶段主要捕食各种小鱼虾、蚯蚓、蝌蚪、幼蛙、水陆生昆虫及幼体。人工饲养时，可投喂螺蛳、河蚌肉、小杂鱼、蚕蛹、蝇蛆、熟猪血、肉联厂下脚料等，也可投喂少量麦类、煮熟的麦粒、瓜菜和浮萍等，规模化生产时，通过驯化以投喂专用配合饲料为主。黄鳝对食物很挑剔，不可口不吃，不新鲜也不吃。黄鳝十分耐饥，长期不吃食体重会明显下降，但不至死亡。在室内玻璃缸里的仔鳝，不摄食也能生活两个月之久。

2. 摄食方式　黄鳝眼小而呆滞，眼外蒙有皮膜，视觉极不发达，多在夜间活动，主要靠嗅觉和皮肤触觉觅食。摄食方式为口噬食及吞食，主要依靠前后鼻孔内发达的嗅觉小褶和触觉，来感受水流传递的饵料生物发出的特殊气味和振动波而发现活物，而后张口以啜吸方式把猎物吞吸下去。以噬食为主，食物不经咀嚼就咽下，遇较大动物时先咬住，并以旋转身体的办法将食物一一咬断，然后吞食。黄鳝也很爱吃陆生动物，夜间常游近岸边或田埂边，甚至将头伸至岸上觅食，捕食陆生蚯蚓、蟋蟀、飞蛾等。在人工饲养条件下，通过驯食也吃蚕蛹、熟猪血、畜禽下脚料、鱼肉浆和配合饵料。黄鳝摄食动作迅速，摄食后即以尾部迅速缩回原洞中，它还能在土壤中穿穴摄食蚯蚓等土栖动物。

黄鳝的主要活动规律是春出冬眠，昼伏夜出，一般白天不出洞穴活动和摄食，静伏于洞内，温暖季节夜间活动频繁，出穴觅食，有时守候在洞口或出洞捕食。黄鳝视力退化，主要靠嗅觉和触觉觅食，当食物接近嘴边时，张口猛力一吸，将食物吸进口中，所以黄鳝吃食时总是发出“咂咂”的响声。

在人工饲养条件下，可以逐步将其夜食习性改变为白天摄食；也可用人工配合饲料改变其动物食性、活食习惯。但黄鳝对某一种饲料适应后就很难改变其食性，因此在饲养初期，必须根据当地饵料来源情况，采用低价、充足、增肉率快的混合饲料，在短期内做好驯化工作，而且基本上不再改变饲料结构。

黄鳝是凶猛性肉食鱼类，在饵料不足的情况下有自相残食的习性，常有大鱼吃小鱼的现象，所以在人工饲养过程中，应大小分档，分池（箱）饲养，切忌大小混养，以利于提高养殖成活率。黄鳝耐饥饿能力极强，即使是刚孵出的幼鳝，放在小容器里用暴过气的自来水饲养，不另外投饵，2～3 个月不一定死亡，成鳝的成活时间更长。

（二）生长

黄鳝生长发育适宜水温 15～30℃，最适宜温度 23～25℃。当水温降到 10℃时，吃食量明显减少，水温降到 10℃以下时完全停止摄食，钻入土下 20～30 厘米的地方隐居。冬季，黄鳝栖息处干涸时，能潜入土层深处，越冬达数月之久。每年 3 月后，水温升高时，黄鳝移至地表洞穴，开始寻食生长。每年 6～8 月为鳝鱼生长旺季，夏季活动旺盛时摄食量大，日食量能占体重的 1/7，只要抓紧喂养，增重较快。在饲料充足、水质良好的条件下，当年放的苗种长至 10 月，体重可达 150 克左右，生长快的可达 250 克。夏季水温达到 30℃以上时，黄鳝出现不适反应，严重时，白天浮游水面，停止摄食，有死亡的危险，应采取遮阴降温措施。10 月以后随着水温的降低而逐渐停食，钻入深层土壤潜居越冬。在我国大部分地区，黄鳝生长较快的季节为 5～10 月，因此，应抓好这段时间的饲养管理，对获得高产是十分必要的。进行集约化养殖时，可以通过增温措施，改变其冬眠习性，增加养殖时间，提高养殖产量和出池规格。

野生环境下，常见黄鳝体长 30～40 厘米。当年生的越冬幼鳝体长 10～15 厘米，2 冬龄的鳝鱼均为雌鱼；体长 35～50 厘米，3 冬龄时雌性占 60%；体长 50～60 厘米，雌性降至 30%；体长 60～70 厘米，雌性仅 12%；体长 70～80 厘米，则全部转化为雄鱼。黄鳝全长为体高的 25 倍左右，最大体长可达 93 厘米，体重 1.5 千克。人工养殖条件下，只要饵料充足、营养全面、饲养管理得当，黄鳝生长速度远比天然条件快得多。黄鳝一般 1 冬龄全长 27～44 厘米，体重 19～96 克；2 冬龄全长 45～66 厘米，体重 240～270 克。黄鳝生长期因地区有所不同，南方生长期较长，北方则短，如江苏、浙江、安徽一带生长期为 5～10 月，海南、广东、广西、四川等地生长期则更长。

三、生殖特性

（一）雌雄异体

黄鳝雌雄异体，但有奇特的性逆转现象。从生命开始到第一次性成熟时均为雌性，以后随着年龄增长，产卵以后卵巢逐渐退化，进入雌雄同体阶段，其卵巢逐步过渡为精巢而成为终生雄性。从鳝鱼奇特的性转变，可以认为每年都有一批雌鳝出世，有一批雌鳝产卵，还有一批雌鳝变为雄鳝，雄鳝再与下一代雌鳝交配产卵，以其特有的生殖方式一代一代繁衍下去，最终都属于雄鳝。在没有外加因素的情况下，从胚胎期到性成熟都是雌性，且达到性成熟的黄鳝群体中，较小的个体是雌性，较大的个体主要是雄性，两者间的个体称为雌雄间体，而这种雌雄间体的性腺组织实际上是一个动态过程，在这个生理变化过程中，有功能的雌性转变为有功能的雄性。黄鳝的幼体性腺逐步从原始生殖母细胞到分化成卵母细胞，从幼体进入成体，性腺发育成典型的具有卵母细胞和卵细胞的卵巢，以后又逐渐发展到成熟卵，这就决定第一次进入性腺发育成熟的个体都是雌鳝。雌鳝产卵后，可以明显地发现性腺中的卵巢部分开始退化，起源于细胞索中的精巢组织开始发生，并逐步分支和增大，向着雄性化方向发展，这一阶段的黄鳝处于雌雄间体状态。以后卵巢完全退化消失，精巢组织充分发育，并产生发育良好的精原细胞，直到形成成熟的精子，这时的黄鳝个体已转化为典型的雄性。这时，生殖腺排出的不是卵子，而是精虫，此鳝变为雄鳝后就不再变了，终生以雄性存在。这样，黄鳝的繁殖就必然是个体较大的雄鳝与个体较小的雌鳝进行交配产卵。

（二）繁殖年龄

黄鳝 1 龄性成熟，繁殖季节较长，约在 5～8 月，盛期为6～7 月，卵分批产出，随气温的高低而波动，可以提前也可推迟。

（三）怀卵量和成熟系数

黄鳝怀卵量不大，最少为 200 粒左右，最多可达 1 000 粒左右，一般在 300～800 粒，卵呈橙黄或浅黄色，无黏性，卵膜透明，内有油球。怀卵量和年龄、体重及产地有密切关系（表1-2-1）。雌鳝两侧的卵巢是不对称的，左侧发达，右侧退化，成熟的卵呈金黄色，比重比水稍大（沉性卵），无黏性，孵化时间较长，约150小时出膜。刚孵化出的鳝苗长约13毫米，出生后一周年，体长25～33厘米时即达性成熟。从重量上看，黄鳝体重25～50克的，卵量较多，颗粒较小，每条每年产卵200～400粒，最多产1 000粒左右；体重75克左右的，不仅卵量多，颗粒也大，且饱满发亮，金黄色，有弹性。体重100克左右的卵巢较小；体重125克以上的无卵。

表1-2-1　南京地区黄鳝不同体长的怀卵量

体长（厘米）	样本数（尾）	怀卵量（粒）	平均怀卵量（粒）
20～24.9	8	51～139	89
25～29.9	36	62～233	121
30～34.9	7	224～614	428
35～39.9	13	413～654	480
40～61.8	4	581～1 326	1 119

黄鳝的成熟系数随季节的变化而不同。1～3月卵巢经历了Ⅰ～Ⅲ期的发育阶段，4月下旬卵巢发育到Ⅲ～Ⅳ期，成熟系数显著上升。5月下旬至7月底卵巢由Ⅳ期转入Ⅴ期，卵巢重量大幅度增加并达到顶点。产卵后至12月，成熟系数明显下降。雌鳝成熟系数的变化范围为0.01～0.29，雄鳝成熟系数为0.000 4～0.002 75。

（四）性比

根据资料统计和全年解剖分析，黄鳝生殖群体在整个生殖时期是雌性多于雄性。7月之前雌鳝占多数，其中2月雌鳝最多，占90%以上，8月雌鳝逐渐减少到40%左右，雌雄比例0.6∶1，因为8月之后多数雌鳝产过卵后性腺逐渐逆转，9～12月雌雄鳝约各占50%。自然界中，黄鳝的繁殖多数是属于子代与亲代的配对，也不排除与前两代雄鳝配对的可能性，但在没有雄黄鳝存在的情况下，同批黄鳝中就会有少部分雌鳝先逆转为雄鳝后，再与同批雌鳝繁殖后代，这是黄鳝有别于其他鱼类的特殊之处。

（五）繁殖习性

黄鳝1龄性成熟，繁殖季节为5～8月，繁殖盛期是6～7月。繁殖之前，亲鳝先钻铜，称为繁殖洞。繁殖洞与居住洞有所不同，繁殖洞一般在埂边，洞口通常开在埂边隐蔽处，洞口下缘淹没在水中。繁殖洞分前洞和后洞两种，前洞产卵用，后洞较细长，洞口进去约10厘米处比较宽阔，洞的上下距离约5厘米，左右距离约10厘米。

黄鳝产卵方式也不同一般。繁殖季节到来之前，生活在大田里的亲鳝先打洞，洞口下缘2/3浸于水中；生活在河道或水库等水域的黄鳝有时也产于挺水植物或被水淹没的乱石块间。性成熟的雌鳝腹部膨大，体橘红色（个别呈灰黄色），并有一条红色横线。产卵前，雌雄亲鳝吐泡沫筑巢，然后将卵产于洞顶部掉下的草根上面，受精卵和泡沫一起漂浮在洞内。产卵时，雌鳝先在洞口外水面吐出一团泡沫，然后把卵产于泡沫之间。雄鳝在卵上排精，借助泡沫的浮力，使原本沉性的受精卵浮在水面孵化发育，这样可大大提高受精率和孵化率。这是因为：首先，泡沫能保护受精卵，不易被敌害发现；其次，精子在水中的寿命极短，而在泡沫巢中的寿命较长，为提高受精率提供了条件；第三，受精卵浮在水面，溶解氧比较丰富，水温也高，而且可以直接从空气中得到氧气，利于提高孵化率。受精卵呈黄或橘黄色，半透明，卵径（吸水后）一般为2～4毫米。

雄亲鳝有护卵的习性，一般要守护到鳝苗的卵黄囊消失为止。在天然水域中，雄鳝在泡沫巢上排精后，就一直守护到仔鳝出膜，等仔鳝的卵黄囊消失，能自由游泳摄食时守护才中止。在此期间，即使雄鳝受到惊动也不会远离，甚至还会奋起攻击来犯者。雌鳝一般在产卵后就离开繁殖洞，但有的学者观察发现雌鳝也参加护卵、护仔。

黄鳝卵径大，卵黄多，胚胎发育时间长，仔鱼出膜时个体就大，对环境的耐受能力强。胚胎发育最适温度 21～28℃，从受精卵到孵出仔鳝，一般水温 30℃左右时需要 5～7 天，最长达 9～11 天。孵化时要求水温稳定。在自然界中，黄鳝的受精率和孵化率可达到 95%。在胚胎发育过程中，神经板出现在原肠早期动物极细胞下包至卵的 1/3～1/2 时，与鳟鱼类似而与鲤科鱼类明显不同。胚胎发育时间长，一般需 5～11 天；即使同一条亲鳝产的同一批卵，在相同条件下孵化，仔鱼出膜时间也不一致，先后相差约 48 小时。出膜早的仔鳝个体大，对环境耐受力强，胸鳍在胚胎期形成后，不断地扇动，出膜后逐渐退化，似桨的腹鳍不断摆动，鳝苗间断地上下游动，孵出 11 天左右卵黄逐渐消失，开始摄食。从黄鳝的系统演化过程所见，说明黄鳝的祖先是有胸鳍的，因长期适应穴居生活，胸鳍才逐渐退化消失。

第三章

无公害养鳝的环境要求

为适应水产健康养殖工程的不断推进，加强无公害水产品质量建设和安全管理十分重要，创造良好的环境条件是无公害黄鳝养殖的前提（无公害泥鳅养殖的环境要求相同，泥鳅养殖部分不再叙述）。

无公害水产品来源于良好的产地环境，产地环境质量要求包括无公害水产品渔业用水质量、大气环境质量及渔业水域土壤环境质量等。

无公害黄鳝养殖水域的选址、设计和建设应考虑潜在的水产品安全危害因素。水体环境的化学污染，土壤与水的相互作用对水质的影响有可能对商品鳝安全造成危害。土壤的性质能够影响池塘的水质，水的酸碱度等因素与土质也有关。如酸性土壤降低水的 pH 值，并有可能使土壤中的部分金属析出，池塘也能通过邻近的农田、水域或其他途径而受杀虫剂以及其他化学品污染，从而导致商品鳝含有过量化学有毒有害物质。因此，养殖场所周围一定范围内应无污染源（包括污水、粉尘、有害气体等），池塘开挖前应进行土壤调查，以确定该土壤是否适合黄鳝养殖。

养殖用水与水体环境

黄鳝终生生活在水中，只是在干法运输时才离开水，所以说水环境是它们赖以生存的基本条件。水源、池塘水环境的好坏直接影响商品鳝的产量和质量，生产无公害黄鳝必须有良好的水源条件。

（一）水源

养殖场应有充足的、无污染水源。黄鳝主养池放养密度相对较高，其饲料是以动物性为主或是蛋白质含量较高的配合饲料，排泄物容易造成水质恶化，如无法经常加注溶氧量高的新水，易引发鳝病。水源以无污染的江河水、湖水或大型水库水为好。这种水溶氧量较高，水质良好，适于黄鳝生长。总之，应确保水源水质的各项指标符合农业部行业标准 NY 5051—2001《无公害食品 淡水养殖用水水质》的规定，最大限度地满足黄鳝对水质的需求，使黄鳝在相对优越、安全的条件下快速育肥长成。

（二）水质

养殖用水水质要求 pH 值 7.0～8.5，溶解氧量在连续的 24 小时中，16 小时以上应大于 5 毫克/升，其余时间不低于 4 毫克/升，总硬度以碳酸钙计为 89.25～142.8 毫克/升，有机耗氧量在 30 毫克/升以下，氨氮 0.1 毫摩尔/升，硫化氢不允许存在。水中有毒有害物质含量应符合《无公害食品 淡水养殖用水水质》要求。

（三）土壤环境

池塘的土质以壤土最好，砂质壤土和黏土次之，沙土最差。壤土透气性好，黏土容易板结、通气性差；沙土渗水性大，不易保水且容易崩塌。养殖池的底质应无废弃物和生活垃圾，无大型植物碎屑和动物尸体，底质无异色、异臭。底质有毒有害物质最高含量应符合《农产品安全质量 无公害水产品产地环境要求》中的规定。无公害水产品生产对渔业水域土壤环境质量规定了汞、镉，铅、锌、铬、砷及六六六，滴滴涕的含量限值，其残留量应符合上述规定。

养殖黄鳝后，所投饵料多为动物性饵料，排出粪便沉积池底，其中大量有机质分解转化消耗大量氧气，易造成缺氧，同时还会产生氨和硫化氢等有害物质，影响黄鳝生存和生长。因此，养殖池需每年清淤，并保留适量的淤泥（15～25 厘米），这样既可以减少池底过多的有机物所带来的危害，还能有利于稳定水质，是实行无公害养鳝的重要措施。

（四）大气质量

无公害水产品生产对大气环境质量规定了 4 种污染物的浓度限值，即总悬浮颗粒物（TSP）、二氧化硫（SO_2）、氮氧化物（NO_X）和氟化物（F），浓度应符合 GB3095—1996《环境空气质量标准》的规定。养殖基地周边无大气污染企业。

第四章

无公害黄鳝养殖饲料与投喂

随着黄鳝养殖技术不断完善和成熟，根据高密度集约化饲养鳝的要求进行人工配合饲料养鳝，同时根据生产水平和规模相应配套好饲料加工设备及其他注水机电设备，既有利于生产水平的提高，又有利于推进黄鳝养殖向工业化、产业化方向发展。

饵料是水产养殖业的重要物质基础，饵料的多寡和质量的好坏直接影响黄鳝养殖的效果和商品鳝质量。饲料的投喂技术决定了养殖效果。在无公害黄鳝标准化生产中，要求使用的无公害饲料主要包括无公害动植物饵料、人配合工饲料和其他饲料，饲料必须符合《无公害食品　渔用配合饲料安全限量》（NY/T 5072—2002）。鲜活饲料必须消毒后方可使用。

第一节　饲料的安全要求

饲料质量要求

无公害黄鳝生产的前提是饵料必须是无公害，黄鳝养殖过程中一般使用配合饲料、鲜活饵料、植物性饲料等三种饲料。

（一）鲜活饲料

鲜活饵料来源有两个方面：一是生产单位自繁自育；二是外来购进。无论来源渠道如何，其安全性必须符合无公害黄鳝标准生产的要求：一是饵料不得携带病原体（寄生虫、致病菌、病毒等），二是无有害、有毒物质残留。外购饵料的产地环境必须是无污染，使用不对水环境造成污染，并且以之养出的商品鳝对人类的健康无危害。

（二）配合饲料

配合饲料由各种原料和添加剂组成。各种原料在生长和收获过程中有可能受到有毒有害物质的污染，所以，加工饲料所选用的原料应符合各类原料标准的规定，不得使用受潮、霉变、生虫及受到农药、石油、有害金属等污染的原料；大豆原料需经过破坏蛋白酶抑制因子的处理；动物性下脚料应已脱毒、消毒处理；鱼粉的质量应符合 SC3501 的规定；鱼油质量应符合 SC/T 3502 中二级精制鱼油的要求；使用的添加剂应符合《饲料卫生标准》（GB13078—2001）的规定。生产的配合饲料安全指标限量应符合《无公害食品 渔用配合饲料安全限量》（NY/T 5072—2002）的要求。不得在饲料中添加国家禁止使用的药物或激素类添加剂等，如己烯雌酚、喹乙醇等。否则，将会影响商品鳝的质量，并有害于人类健康。

植物性饲料质量要求与配合饲料原料的质量要求一致。

第二节 饲料的种类

黄鳝喜欢吃活食，也非常贪吃，是以动物性饵料为主的鱼类，并且要求饲料鲜活，不食腐烂性动物性饵料。就人工养殖来说，黄鳝的饲料应以动物性饲料为主，植物性饲料为辅，进行规模化生产中，多以人工配合饲料为主。人工饲养黄鳝，蚯蚓、蚌肉等也是黄鳝喜食的好饲料，还可用灯诱杀飞虫入池，或用猪血引苍蝇产卵生蛆作饲料。

（一）动物性鲜活饲料

动物性鲜活饲料主要有黄鳝喜食的蚯蚓、蚕蛹、蝇蛆、螺、蚌和小鱼虾等。蚯蚓是黄鳝最喜食的饲料，干体蛋白质含量达61%，接近鱼粉和蚕蛹。这些饲料的共同点是蛋白质含量高，营养丰富，有利于黄鳝的生长发育，是养鳝的饲料主体。需要特别注意的是，无论是蝇蛆还是蚯蚓，在投喂黄鳝以前，都必须先用浓度为3～5克/米^{3}的高锰酸钾溶液进行消毒。

（二）植物性饲料

黄鳝对植物性饲料大多是迫食性的。其消化特点是对动物蛋白、淀粉和脂肪等营养能有效消化，对植物性蛋白和纤维素几乎不能消化。在规模化养殖中，需要添加一定的植物性饲料，这是因为人工养殖环境里的黄鳝比天然环境中的个体容易得到食物，且吃得多、吃得好，投入一定量的富含纤维素植物饲料有利于促进黄鳝的肠道蠕动，提高摄食强度。通常在配合饲料中添加一定量的麦粉（同时又是黏合剂）、玉米粉、麸、糠和豆渣等。

（三）人工配合饲料

投喂人工配合饲料是规模化养鳝的趋势。黄鳝经驯化完全可以摄食配合饲料，饲料系数低，生长速度快，养殖效益高，对环境影响小。黄鳝对饲料的蛋白质要求较高，一般要求蛋白质含量在38%～45%，以动物蛋白为主，同时要求饲料有一定的适口性。

（四）其他饲料

开辟黄鳝饲料来源也是规模化养鳝的课题。根据黄鳝的习性，动物下脚料可以作为人工养鳝的补充饲料，如猪、牛肺等内脏，但要求鲜度较好，不能腐烂变质。还有昆虫类，有人在网箱上方采用黑光灯等引诱昆虫喂鳝也取得较好效果。在网箱中投喂一定量的泥鳅、田螺等，用一定的技术让它们在网箱里繁殖小鳅、小螺成为鳝的活饵料，不失为开辟饲料来源的好举措。

第三节　动物性饵料品种与培育

保证充足优质的饲料，是养殖黄鳝快速高产的关键。黄鳝是以动物性饲料为主的杂食性鱼类，饲料来源广泛，轮虫、蚯蚓、蝇蛆、蚌螺肉、小鱼虾、蚕蛹，各种昆虫、动物内脏、谷物、蔬菜、藻砂、浮萍等，灯光诱虫、套养的田螺等都是黄鳝的好饵料。在进行无公害规模化养鳝时，应以人工配合饲料为主，适当投喂一些小杂鱼及人工培育的蚯蚓、蝇蛆、黄粉虫等。

一、蚯　　蚓

蚯蚓，中文学名环毛蚓，俗称地龙、曲蟮，可以分为陆生及水生两种类型。多属于陆生蚯蚓，体型较大，主要分布于土壤表层；俗称“红虫”的水生丝蚯蚓，主要分布在各种淡水水域，一般体型较小，以水中的有机物质为食物来源。

1. 形态特征　蚓体呈圆柱状，细长，各体节相似，节与节之间为节间沟。头部不明显，由围口节及其前的口前叶组成。口前叶膨胀时，可伸缩蠕动，有掘土、撮食、触觉等功能。围口节为第 1 体节，口位其腹侧，口前叶下方。肛门在体末端，呈直裂缝状。自第 2 体节始具刚毛，环绕体节排列。刚毛简单，略呈 S 形，大部分位于体壁内的刚毛囊中。性成熟个体，第 14～16 体节色暗肿胀，无节间沟，无刚毛，如戒指状，称为生殖带或环带。生殖带的形态和位置因属不同而异。生殖带的上皮为腺质上皮，其分泌物在生殖时期可形成卵茧。生殖带的第一节即第 14 体节腹面中央，有一雌性生殖孔；第 18 体节腹侧两侧为一对雄性生殖孔。纳精囊孔 2～4 对，随种类不同而异，自 11～12 节间沟开始，于背线处有背孔，可排出体腔液，湿润体表，有利于蚯蚓的呼吸作用和在土壤中穿行。

2. 培养方法　蚯蚓是变温动物，体温随外界环境温度的变化而变化。因此，蚯蚓对环境的依赖一般比恒温动物更为显著。环境温度不仅影响蚯蚓的体温和活动，还影响蚯蚓的新陈代谢、生长发育及繁殖等，而且温度也对其他生活条件产生较大的影响，从而间接影响蚯蚓。一般来说，蚯蚓活动温度 5～30℃，0～5℃进入休眠状态，0℃以下死亡，最适宜温度 20～27℃，此时能较好地生长发育和繁殖。28～30℃时，能维持一定的生长；32℃以上时生长停止；10℃以下时活动迟钝；40℃以上时死亡，蚓茧孵化最适温度 18～27℃，可见蚯蚓的最高致死温度低于其他无脊椎动物，所以孵化场最好在室内。在南方地区，夏天通风保湿，冬天关窗保温就能全年正常生产（这里指基料温度，因为空气温度与基料温度是不一样的。比如，空气温度 0℃时，基料温度 12℃左右；空气温度 38℃时，基料温度却只有 28℃左右，这是因为粪料含有极高的水分）。所有用作培育蚯蚓的基料都必须经发酵处理，发酵产生的高温能够杀死里面残留的致病菌等，以免污染环境。将发酵腐熟的粪料堆积在一个固定区域内，就可以养殖蚯蚓了。养殖蚯蚓时，需要将种蚯蚓和饵料蚯蚓分区饲养。每隔 15 天将种蚯蚓进行分离，并将分出来的粪料加入一些新鲜的粪料再洒水保湿，以便里面的蚯蚓茧孵化成小蚯蚓。如此反复多次，在温度适宜的季节，大约 50 多天后，小蚯蚓就长成了大蚯蚓。养殖蚯蚓后的蚯蚓粪则可以用同样的方法养殖水蚯蚓，这些细小的水蚯蚓是黄鳝小苗必不可少的美味佳肴。

蚯蚓是水产养殖对象的重要食物来源，尤其是黄鳝喜好的“肉类”食物，每 7～8 条蚯蚓可增加鳝肉 1 克。但野生蚯蚓也有为害的一面，常带有寄生虫，生产中以人工培植的蚯蚓为佳，质量有保证。

二、蝇　　蛆

1. 营养价值　蝇蛆含蛋白质、脂肪、甲壳质等，主要作动物蛋白饲料，是黄鳝的优良动物蛋白饲料。蝇蛆粗蛋白含量和鲜鱼、鱼粉及骨粉相近或略高，营养成分也较全面，含有水产动物所需要的多种氨基酸，其干物质中每一种氨基酸含量都高于鱼粉，必需氨基酸总量是鱼粉的 2.3 倍，蛋氨酸含量是鱼粉的 2.7 倍，赖氨酸含量是鱼粉的 2.6 倍。蝇蛆原物质和干粉的必需氨基酸总量分别为 44.09%和 43.83%，必需氨基酸总量/非必需氨基酸总量值（E/N）分别为 0.79、0.78。蝇蛆可用作黄鳝幼体阶段及成体阶段的活饵料，也可作为替代鱼粉加工成全价配合饲料。

2. 培养方法　蛆的饲养条件，一是当地要有足够的动物粪便和垃圾（新鲜鸡、猪等非草食性动物的粪便，麦麸、大麦粉、玉米渣等碳水化合物，用水拌和，抓在手中刚滴水为宜；野杂鱼、虾，腐肉和其他动物内脏）等；二是要有相应的场地。蝇蛆生长最适温度 26～35℃，13℃以下停止发育，低于 8℃或高于 43℃逐渐死亡。要求室内空气新鲜，温度 24～30℃，相对湿度 50%～70%，每天光照 10 小时以上。要想达到日产 50 千克左右蝇蛆的规模，约需投资 1 000～2 000 元。过去人们生产蝇蛆一般采取笼养，在约 0.5 米^3 的笼内养有约 1 万只苍蝇，效率低，劳动强度大，成本高，产量也不高。现在将所有蝇蛆及苍蝇的培养料均采用添加 EM 菌液进行处理，苍蝇以特殊配方喂养，同时采用特殊配方培养基料，刺激苍蝇产卵，无菌蝇蛆不仅产量大幅提高，而且更符合无公害养殖的要求。

用蝇蛆喂养经济动物后，其抗病能力会明显增强，这是因为蝇蛆中含有丰富的蛋白氨基酸从而降低了养鳝的死亡率，提高了经济效益。

三、黄 粉 虫

1. 营养价值　黄粉虫又称“面包虫”，是一种仓库粮食害虫，为多汁软体动物，含蛋白质50%～60%，赖氨酸5.7%，蛋氨酸0.53%，脂肪30%，钙1.02%，磷1.11%，碳水化合物7.4%。另外，还含有多种维生素及酶类物质。用6%～8%的活虫体掺入饲料中喂养黄鳝、泥鳅、等特种经济动物，生长快，肉质鲜美，成本只是鱼粉的1/2，生产500克黄粉虫只需1.5千克麸皮或饼屑，成本较低。

2. 培养方法　黄粉虫至成虫期才具有生殖能力，雌雄相当，寿命最短20天，最长180多天。羽化后四五天即开始交配产卵。产卵期平均4个月以上，但80%以上的卵在1个月内产出，平均产卵量为276粒。成虫饲料质量直接影响产卵量，温度、湿度的变化亦间接影响成虫的产卵率。成虫后翅退化，不能飞行，但爬行很快，善抓善钻，易聚堆，幼虫亦善爬行，为防止其逃逸，饲养和繁殖筛及各种分离筛内壁均须贴上不干胶带。由于虫体不断运动，相互之间摩擦生热，运动量达到一定程度，可使局部（盒内）温度升高2～5℃。因此，适时减小幼虫密度，以防止虫因高温致死。相反，在冬季及幼龄虫阶段，密度适当，是群体生存的前提。由于相互摩擦而增加活性，促进虫体血液循环及加强虫体消化系统的功能，有利于虫的健康发育、生长和繁殖。

黄粉虫夜间活动较多，怕光。白天光线稍暗，对幼虫尤其是成虫的生长、繁殖都有好处。在25～30℃的温室，用直径1.5米的竹扁，内铺设塑料薄膜，然后一层一层放在立架上，撒上麸皮、茶叶、饼屑等饲料，70天左右就能繁殖一代。一只雌虫能产卵3 000粒左右。卵的孵化及幼虫、蛹、成虫要分开喂养，以防成虫吃掉卵、幼虫吃掉蛹。当蛹蜕变成成虫以后，要单独放在光滑的容器里，放上麸皮，使卵附着在麸皮上，4～5天后取出有卵的麸皮，放入另一容器里，在适宜的温度、湿度下，让其孵化出小虫。孵化出的小虫，再按上面介绍的方法操作，进行第二、三期喂养。种虫的选择对黄粉虫的养殖十分重要。黄粉虫的卵、幼虫、蛹、成虫均可作为种虫进行培殖，但以幼虫作为种虫比较好。引种时要挑选个体一致的幼虫，最好挑选老熟的8龄幼虫。也可在市场购买，要求规格整齐，爬动活跃，间节色深，体壁光滑，体长25厘米以上的老熟幼虫。饲养黄粉虫采用多层立体式效果较好，既避光，又能充分利用空间，必要时也可增设窗帘或窗户雨搭，以遮蔽光线。

第四节　人工配合饲料

一、黄鳝的生活习性及营养需求特点

黄鳝为肉食性鱼类，但食性较广，摄食方式为咬食或吞食，自然条件下以昆虫、大型浮游生物、幼蛙和幼鱼虾等为食。黄鳝较耐饥饿，对光和味的刺激不敏感，摄食量明显受温度影响，水温15～30℃时摄食正常，22～25℃时食欲最强。黄鳝专用配合饲料营养平衡，生长快，饵料系数低，诱食性强，适口性好，黏度适中，水中稳定性高，抗病能力强，成活率高；产品经过特殊灭菌处理，不易携带病菌病毒，储存性好。根据黄鳝不同生长阶段的生理机能及生活特点，均衡添加维生素、氨基酸，诱食性强，营养全面，能促进黄鳝的生长发育。配方饲料分为幼鳝、中鳝、成鳝三个类型、多个品种。近年还研制出黄鳝浓缩饲料、幼鳝浓缩饲料、黄鳝膨化浮性颗粒饲料，得到广泛推广。配合饲料黏合性好，水中稳定性高，不溃散，不流失，消化吸收好、抗病能力强，保持了良好的水质环境。

不少养殖户把鳗鱼饵料、甲鱼饵料等作为黄鳝饵料，摄食

率、消化吸收率低，诱食性也差，养殖效果不理想。黄鳝专用配合饵料圆满解决了黄鳝不肯吃人工配合饵料的难题，饲料系数1.2～1.8。人工养殖黄鳝在小鱼阶段主要投饲杂鱼虾、蚯蚓、蝇蛆及各种动物内脏，稍大时可应用人工配合饲料。配合饲料以粉团状饲料和硬颗粒饲料最为常用，一般营养要求粗蛋白质不低于38%，粗脂肪6%以上。

二、黄鳝团状饲料典型配方

（一）原料配方

白鱼粉17%，秘鲁鱼粉21%，国产鱼粉8%，酵母粉4%，膨化大豆16%，α-淀粉21.7%，草粉4%，沸石粉4%，磷酸二氢钙1%，食盐0.3%，预混料3%。

（二）预混料配方

多维预混剂1 000克，矿物元素预混剂3 000克，50%氯化胆碱3 200克，维生素C多聚磷酸酯1 250克，25%大蒜素140克，50%β-葡聚糖1 000克，水产复合酶1 000克，甜菜碱2 500克，克氧150克，载体（小麦粉）16 760克，合计30千克（每吨饲料添加量）。

（三）维生素及矿物元素组成

1. 维生素组成（毫克/千克） 维生素A 6 700国际单位/千克，维生素D 3 200国际单位/千克，维生素E 100，维生素K 19，维生素B_1 24，维生素B_2 24，维生素B_6 26，维生素B_{12} 0.15，烟酸95，D-泛酸57，叶酸28，D-生物素0.3，肌醇285。

2. 矿物元素组成（毫克/千克） 铜8，铁35，锌25，锰12，钴1.5，碘1.1，硒0.12，镁80，钾120。

（四）配方分析

本配方适用于黄鳝的粉团状饲料，加工时粉碎粒度应通过180目以上分析筛，在使用时添加2%～3%鱼油和适量水，混合搅拌成有较好黏弹性的团状饲料，为典型的黄鳝团状饲料配方，粗蛋白质水平为38.1%，实际饲养上效果很好，但成本较高。配方中原料组成依据粉团状饲料的特点进行设计，应用了20%左右的α-淀粉，以保持粉状饲料在制饵时有较好的黏弹性，适合黄鳝摄食和避免饲料在水中散失。

本配方动物性蛋白使用比例较高，达到46%，且应用了17%的白鱼粉，因此，氨基酸组成较为合理和平衡。由于粉状饲料不经过高温调质和压粒，维生素破坏较少，因此，维生素添加的保险系数相对较低。粉状饲料的水分含量也较低，保存期较长，一般不必使用防霉剂。粉状饲料的表面积很大，维生素和脂肪较容易氧化，因此，抗氧化剂的水平应稍高。预混剂中应用的大蒜素既能防治多种常见疾病，也是黄鳝较好的诱食剂，配合甜菜碱应用，能明显地促进黄鳝采食，提高采食量。β-葡聚糖是一种天然多糖体，能显著地提高水生动物血清中溶菌酶活性和巨噬细胞活性，增强鱼类的非特异性免疫系统的防御功能，从而增强抗病力并能有效地促进生长，是一种绿色和环保的饲料添加剂。

三、黄鳝颗粒饲料典型配方

（一）原料配方

秘鲁鱼粉28%，国产鱼粉8%，酵母粉4%，豆粕21%，大豆磷脂7%，小麦粉17.7%，草粉5%，膨润土3%，植物油2%，磷酸二氢钙1%，食盐0.3%，预混料3%。

（二）预混料配方

多维预混料 1 000 克，矿物元素预混剂 3 000 克，50%氯化胆碱 3 350 克，维生素 C 多聚磷酸酯 1 450 克，25%大蒜素 150 克，50%β-葡聚糖 1 000 克，水产复合酶 1 000 克，甜菜碱3 500克，HJ-1 黏合剂 4 000 克，克氧 120 克，双乙酸钠 600 克，载体（小麦粉）10 830 克，合计 30 千克（每吨饲料添加量）。

（三）维生素及矿物元素组成

1. 维生素组成（毫克/千克）　维生素 A 5 800 国际单位/千克，维生素 D 2 500 国际单位/千克，维生素 E 120，维生素 K 22，维生素 B_1 26，维生素 B_2 24，维生素 B_6 26，维生素 B_{12} 0.17，烟酸 105，D-泛酸 65，叶酸 32，D-生物素 0.36，肌醇 305。

2. 矿物元素组成（毫克/千克）　铜 8，铁 35，锌 25，锰 12，钴 1.5，碘 1.1，硒 0.12，镁 80，钾 120。

（四）配方分析

本配方适用于黄鳝的硬颗粒饲料，直径 3～4 毫米，粗蛋白质水平 38.2%，粗脂肪 7.2%，营养水平与粉团状饲料接近，但成本明显低于粉团状饲料，有较高的实际应用价值。配方中鱼粉的使用量为 36%，品质也差于粉团状饲料，但却增加了豆粕和小麦粉等植物性原料的使用，黄鳝对植物性原料的利用率较高，因此，本配方也能较好地满足黄鳝快速生长的营养需求。由于颗粒饲料在加工过程中维生素损失比粉状饲料高，因此，本配方的维生素水平比粉团状饲料略高。大蒜素和甜菜碱使用剂量也比粉状饲料高，可增加饲料的诱食作用，增强黄鳝对硬颗粒饲料的摄食和适应性，减少硬颗粒饲料的浪费。硬颗粒饲料对水中稳定性要求较高，本配方在应用一定量小麦粉的基础上，还应用了化学黏合剂，从而使饲料水中稳定性很好，能适合黄鳝的摄食特点及满足对饲料的要求。

第五节　投喂技术

饲料投喂技术是黄鳝养殖过程中的重要技术之一，投喂不合理，饵料再好，也得不到应有的养殖效果。饵料在水中容易变质或溶失，黄鳝吃食相对隐蔽，摄食状况观察困难，这给准确投饲也带来一定困难。养殖过程中饵料投多或投少都会直接影响养殖的成本。黄鳝对饵料的选择性严格，长期投喂一种食料后，很难在短期内改变其食性，因而在改变投喂饲料品种时，需通过驯食过渡，以使其适应新的饵料。饵料投喂技术主要包括日投喂量、投饵次数、方法等。

一、日投喂量

日投喂量是否适宜，关系到饲料效率和饲养成本。投喂量不足时，黄鳝常处于半饥饿状态而不增重，不能维持机体正常代谢需要，还会减重，造成饲料的浪费而增加成本；投喂量不足还会引起群体激烈抢食甚至相互残食。投喂过量时，不但饵料利用率降低，而且污染水质严重时会引发鳝病。鳝的日投喂量以投饲率表示，即以日投喂饲料占养殖鳝总体重的百分比表示。不同饵料、不同生长阶段、不同水温条件下，日投饲率是不同的，所以鳝的日投喂量亦应根据其大小、水温、水质和饲料种类不同而不同。具体地说，水温 15℃左右时开始投饵，日投饲率约占黄鳝体重的 3%，水温 15～20℃，投饲率逐步增加，日投饲率6%～10%，水温 20～28℃，投饲率 10%～20%，水温超过 28℃，日投饲率 6%～10%。幼鳝阶段，代谢强、生长快、肠道容量大，故投饲率适当大些。

二、日投喂次数

日投喂量确定以后，投喂次数就关系到饲料效率和鳝的生长。黄鳝的适宜投喂量，既要考虑其营养需要，也要考虑其饱食量的满足。如果鳝摄食的营养量虽然足够，但达不到饱感，仍然不停觅食则消耗体能，影响生长。黄鳝每日投喂 1～2 次，可使鳝得到饱食感。此外，饱食量也因鳝的大小、水温、水质和饲料种类不同而有所不同。投喂次数与黄鳝规格有着相反的关系，幼鳝阶段每天投喂次数要多些，随着鳝体增大，投喂次数相应减少。

三、投喂方法

饵料投喂是在水体中进行的，每次投喂时间应控制在 40～90 分钟。黄鳝习惯昼伏夜出，因此，放养初期投喂的时间，宜在每日下午 4～5 时，或在傍晚天黑以前，然后逐日提早投喂时间。经过一段时间的驯食，即可每日上午 9 时或下午 5 时投喂。在商品鳝养殖过程中投饵应遵循“四定”、“四看”的原则。

“四定”投喂，即定时、定位、定质、定量。黄鳝一经投喂驯化会形成习惯，按时到投喂点觅食，所以在适宜生长时期每天在一定的时间和地点投喂，以便鳝群集中摄食。投喂不按时、位置不固定，会影响黄鳝的正常摄食。一般情况下，幼鳝每天可投喂 2 次（上午 9～10 时、下午 4～5 时各一次），成鳝傍晚投喂一次即可，投喂到较安静、平坦的地方或搭设饵料台。投喂地点的数量和大小应充分考虑黄鳝均匀摄食，以每 100 米^2 养殖面积设置 3～4 个为宜，要使之适度饱食。黄鳝喜食新鲜饵料，厌食变质食物。饵料发霉或变质后营养成分会受到破坏，同时产生毒素，投喂效果不好，还可能导致生病，甚至死亡。

“四看”投喂，即看季节、看天气、看水质、看食欲。根据黄鳝四季食量不等的特点，准确掌握投饵量。投喂重点在5～10月，投饵量占全年的80%左右。晴天多投，阴天、闷热无风或雷雨天少投，雾天要等雾散后再投。水质肥嫩时正常投喂，水质过肥时适当减少。黄鳝抢食快、食欲旺，短时间内就将饵料吃完时，应增加投喂量，反之则减少。一般黄鳝能在1.5小时内全部吃完为度。

四、影响投喂效果的因素

(一) 水温

水温对黄鳝的摄食强度影响很大（表1-4-1），在适宜温度范围内，水温升高对鱼类摄食强度有显著促进作用，水温降低则鱼体代谢水平降低，食欲减退，生长受阻。水温低于16℃或高于28℃时，摄食量减少，水温低于12℃时，即停止摄食进入冬眠。在南方地区，因气候条件适宜，黄鳝长年摄食，生长期要比北方长得多。

表1-4-1　日投饵率与水温变化关系参考表

月　　份	4	5	6	7	8	9	10	11
平均水温（℃）	16	23	25	28	29	25	23	18
鲜活饵料投饲率（%）	3	4	6	10	8	6	8	5
配合饵料投饲率（%）	1	2	3	5	4	5	4	2

注：月平均水温为2006年长江泰州段水温。

(二) 溶氧量

溶氧对鳝的摄食、饵料消化吸收和生长都有很大影响。溶氧量低，鳝的食欲差，或者厌食，摄食后饵料消化吸收率低，生长慢，饲料系数高。池中溶氧在夜间至早晨时最低；阴天浮游植物光合作用弱，且无风时，水中溶氧也低。流水和网箱养殖中，放养密度大，若水体交换量不足，也会造成水中含氧量偏低。溶氧达 4 毫克/升以上时，鳝的食欲增强，饲料消化率提高。黄鳝喜欢清新水质，以微流水为最佳，但在灌排不便或无水源时，应规划设置蓄水池，以便换水之用，确保溶氧在 3 毫克/升以上。经常换水是保持水质清新、溶氧稳定的有效措施。

（三）饵料形态与颗粒大小

饵料形态与颗粒大小应根据黄鳝的食性特点来处理，才能取得较好的养殖效果。此外，颗粒饲料还要适合各生长阶段鱼的摄食，颗粒过小或过大都不利于鱼的摄食，影响饲料的利用效果，增加饵料成本。选用新鲜动物性饲料时，以细长型为好。

（四）掩蔽物

无论何种养殖形式，在水体中投放一定量的漂浮型植物，如水花生、水葫芦等，既为黄鳝提供隐蔽场所，避免相互残杀，提高成活率，又可以调节黄鳝池水温，有利于摄食、生长。

第五章

黄鳝的繁殖与苗种培育

黄鳝的繁殖有自然繁殖、人工繁殖两种方式。黄鳝具有性逆转、怀卵量小、受精率较低、孵化时间长、出膜时间不一致等特性，规模繁殖难度大，目前尚未达到生产性突破，苗种来源还是靠自然繁殖和采捕黄鳝受精卵进行人工孵化。黄鳝繁育技术滞后严重制约着养殖业的发展。

第一节　黄鳝性逆转及环境影响

黄鳝的性逆转现象是其本身的生理特性形成的，也受环境及人为因素影响。

一、黄鳝性逆转过程

黄鳝性腺是一根管状器官，位于腹腔右侧，开始均为雌性，其发生发展、性逆转过程如下。

（一）雌性时期

卵巢外有一层结缔组织形成的被膜，膜内为卵巢腔，充满形状各异、大小悬殊、不同发育阶段的卵母细胞，卵径 0.08～3.7 毫米。

Ⅰ期：卵巢白色，透明细长。肉眼看不见卵粒。解剖镜下可见透明细小的卵母细胞，核大，胞质少，卵径 0.08～0.12 毫米。

体长 5.9 厘米、体重 0.4 克的仔鳝，解剖后可找到细小而透明的卵巢；体长 8.2 厘米的幼鳝卵巢内充满细小而透明的卵母细胞。

Ⅱ期：比Ⅰ期稍粗，卵巢呈白色、透明。肉眼看不见卵粒，解剖镜下可见卵巢内充满透明细小的卵母细胞，卵径 0.13～0.17 毫米，全长 15 厘米以下幼鳝的卵巢多为Ⅱ期。

Ⅲ期：卵巢已由白色透明转变为淡黄色，肉眼可见卵巢内有很多细小的卵粒，解剖镜下可清晰地看到圆形或不规则形的卵母细胞。细胞内已沉积较多的卵黄颗粒。卵径 0.15～2.2 毫米。同时，卵巢内存在着少数Ⅰ、Ⅱ期的卵母细胞，一般处在Ⅲ期性腺的幼鳝全长 15～26 厘米。

Ⅳ期：卵巢明显粗大，卵母细胞亦明显增大，卵粒大小较一

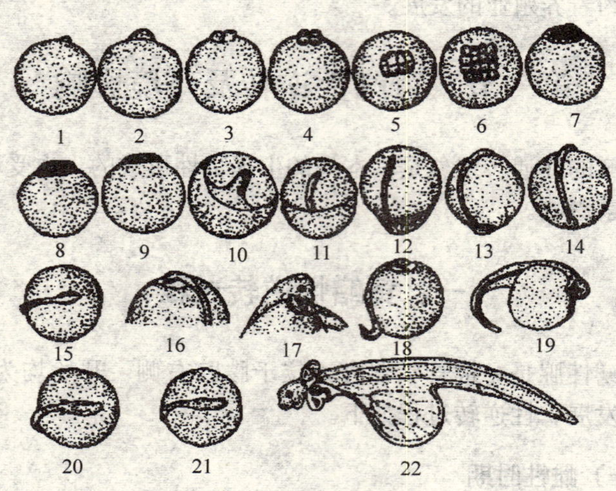

图 1-5-1　黄鳝胚胎发育时序图

1. 未受精卵　2. 胚盘出现　3. 第一次卵裂　4. 第二次卵裂　5. 第三次卵裂　6. 第四次卵裂　7. 第五次卵裂　8. 囊胚期　9. 原肠始期　10. 胚盾出现　11. 神经胚形成　12. 大卵黄栓时期　13. 小卵黄栓时期　14. 胚孔闭合　15. 神经沟形成　16. 心脏形成　17. 心脏分出心耳心室　18. 尾芽形成　19. 尾部后伸　20. 菱形脑室及胸鳍出现　21. 视泡出现　22. 仔鳝

致，颜色也由淡黄色变为橘黄色。解剖镜下可见卵颗粒充满整个卵母细胞，核也逐渐边移。卵径2.2～3.4毫米，此期黄鳝全长10～30厘米，极少数可达40厘米以上。发育到Ⅳ期末的卵巢长占鳝体长的44.6%～59.2%，平均为53.2%（从生殖孔到头部为止）。

Ⅴ期：卵巢粗大，内充满了橘黄色的卵粒，呈圆球形。卵径3.3～3.7毫米。卵母细胞内充满了排列致密的卵黄球，细胞核边移到卵的一端，卵在卵巢内已成游离状。

（二）雌雄间体阶段

多数黄鳝在2龄后、全长24.5～37厘米时开始转入这一时期，个别全长可达45厘米以上。此阶段性腺被膜加厚，卵巢逐渐退化，精巢逐渐形成。间体初倾向于雌性，后期倾向于雄性。显微镜下可见少数残留的细小卵粒，这些小卵粒不会再发育成熟，而是逐渐退化吸收，以及分解成橘黄色的絮状物，同时也可看到刚形成不完整的曲精小管。

（三）雄性阶段

多数黄鳝在3龄以上为雄鳝，也有2龄就逆变为雄鳝的。未成熟的精巢细长、灰白色，表面分布有色素斑点。显微镜下可见曲精小管及不活动的精子，性成熟的精巢较原先粗大，表面分布有形状不一的黑色素斑纹，显微镜下可见数量多而小的活动精子。

综合国内外学者对黄鳝性逆转的调查研究，可以概述如下：体长20厘米以下的成体黄鳝均为雌性；体长22厘米左右的成体开始性逆转；体长36～38厘米时，雌雄个体数几乎相等；38厘米以上时，雄性占多数；53厘米以上时，则全部是雄性。但是，逆转也受环境条件等因子的影响，很可能在生物饵料丰富的状况下，黄鳝的生长加速在同样的生长期却出现了超乎寻常的体长。

（四）黄鳝的性成熟系数和怀卵量

黄鳝的生殖腺不对称，左侧发达（长达13～14厘米），右侧退化（仅为两端封闭的一根血管）。卵巢充分成熟时，雌鳝腹部膨大，几乎充满整个腹腔，腹部柔软，呈淡橘黄色，透过腹腔，肉眼可见卵巢轮廓与卵粒。黄鳝的成熟系数随季节变化而不同，1～3月卵巢经历了Ⅱ期、Ⅲ期的发育阶段，4月下旬，卵巢发育达到Ⅲ期、Ⅳ期末，成熟系数显著上升，5月中旬至7月底，卵巢由Ⅳ期转入Ⅴ期，卵巢重量大幅度增加，6月达到最高峰。以后至12月，成熟系数明显下降。雌鳝成熟系数0.1%～22.9%，雄鳝成熟系数0.04%～2.75%。

二、环境因子对黄鳝性逆转的影响

在生产实践中，经常发现个体很大的雌鳝和个体很小的雄鳝，可见诱导黄鳝性逆转的原因是多方面的。

（一）水温的影响

黄鳝是变温动物，水温变化直接影响其生命活动的强弱，也影响性腺发育的历程。黄鳝适宜水温为15～30℃，水温低于15℃或高于30℃，黄鳝食欲减退，摄食量减少，生长发育受阻。温度变化越快，温差越大，影响就越大。水温超过35℃或低于10℃或短期内温差大于5℃，则导致黄鳝性腺发育停止。

（二）酸碱度的影响

黄鳝适宜在中性或偏酸性的水体中生活，池水pH大于7，则影响黄鳝性腺发育，pH越大，影响越大，当池水pH达到10时，黄鳝急躁不安，不摄食，如时间达7～10天，皮肤开始溃烂，不久即死亡。所以新建水泥池要经脱碱处理后才能用。用生石灰进行水质消毒或换水时，要注意池水 pH 的变化。

（三）水深的影响

黄鳝的鳃严重退化，在水中不能单靠鳃呼吸，必须借助胸鳍、鳍褶、口腔、咽腔、皮肤等副呼吸器官进行呼吸。在自然水体中，黄鳝可以直接呼吸空气中的氧，即使水中溶氧不足，也不会对黄鳝生长发育造成太大影响。但是，在砖石结构的池塘中，如果池水太深，黄鳝立柱就失去支点，就不能呼吸空气中的氧。长期缺氧，会造成性腺发育不良或发育延缓。

（四）声音、光照的影响

黄鳝昼伏夜出，喜欢生活在清静的水域环境中，所以不宜把黄鳝池建在夜晚嘈杂、闪光的路边。夜晚有噪音和闪光的养殖环境，会造成黄鳝发育速度缓慢，性成熟推迟，体长平均 40 厘米时仍为雌性。

（五）性别比例的影响

生殖季节，单纯的雌体群体会因为缺少雄鳝而使其中的一部分雌鳝提前逆转为雄性，所以经常会发现个体很小的雄鳝。

（六）饲养管理的影响

黄鳝食性杂食性偏动物性。若饲料质量高、新鲜，投喂均匀、及时，则性腺发育快。若饲料质量差，投喂不均匀、不及时，则会推迟性成熟。水质差、换水过频或换水时流速大、温差大都会延缓雌鳝性成熟。

第二节　人工繁殖

黄鳝是一种具有特殊生殖特性的鱼类，与常规养殖鱼类人工繁殖不同。黄鳝的人工繁殖是进行规模养殖的第一步，目的就是在人工控制条件下，使黄鳝性腺发育成熟，排卵（排精）、受精和最终孵化出鳝苗。江苏省淡水水产研究所于1985年首次在国内取得了人工繁殖的成功。近年，通过不断探索和改进，黄鳝人工繁殖技术在一定程度上得到了提高，主要是运用生态学和生理学相结合的方法，人工诱导黄鳝产卵，使黄鳝在人工养殖状态下产卵繁殖，产卵率已达85%，因而使黄鳝规模化人工繁殖苗种应用于生产成为可能。黄鳝人工繁殖包括优良品种选育、人工催产和人工孵化三个环节，最终任务就是为养殖生产提供品质优良、数量充足、稳定满足规模养殖需要的大规格鳝苗。

一、亲鳝的选择和培育

亲鳝必须经过选择和培育，它是提高人工繁殖效果的技术关键。

（一）亲鳝的选择

1. 品种选择　黄鳝的品种很多，体色上可分为黄、白、青、赤、黑几种，其中黄、青两种体色的黄鳝生命力强、生长速度快，脊侧和颈部呈黄色的最为优良。亲鳝可从河沟、稻田或养鳝池中捕捉，也可从市场上购买，最好从用鳝笼捕捉的黄鳝中，选择优良的个体作亲鳝，钩钓黄鳝不能作为亲本。鉴于非产卵期雌、雄鳝外观上较难鉴别，生产中常以个体体长、体重或从形态、色泽两方面来加以区分，要求选择健康无病，游泳迅速，体色鲜艳，以金黄色、黄褐色为佳。

2. 雌雄鉴别　准确性别鉴定是黄鳝人工繁殖的关键。体长、年龄、季节都不足以作为鉴定的标准，只能参考。鉴别时一般从形态和生理两个方面综合判断。雌鳝头小不隆起，体背青褐色，无斑点，不善跳，性情温和，繁殖季节腹部膨胀，呈橘红色，并有一条红色横条纹，体外卵巢轮廓清晰。雄鳝头较大，隆起明显，体背有素色斑点，繁殖季节腹部不膨大，但有血丝状斑纹分布，且生殖孔红肿，轻压腹部能挤出少量精液。

雌鳝选择体长20～35厘米、体重100～200克的个体为好，体背青褐色，无色斑或微显三条平行褐色素斑，体侧颜色向腹部逐渐变浅，褐色斑点色素细密，分布均匀。腹部浅黄色或淡青色，腹壁较薄。繁殖季节内，手握黄鳝比较温顺，使腹面朝上，可见到肛门前端膨胀，微透明，显出腹腔内有一条7～10厘米长的橘红色（或青色）卵巢，卵巢前端可见紫色脾脏，用手触摸柔软有弹性，生殖孔红肿；雄鳝应选择体长35厘米以上、体重150～500克的个体，体背一般有由褐色素斑点组成的三条平行带，体两侧沿中线分别有一行色素带，其余色素斑点均匀分布如豹皮状。腹部黄色，大型个体呈橘红色，腹壁较厚而不透明。手握雄性黄鳝挣扎有力，使腹面朝上，膨胀不明显，腹腔内的组织器官不突显。腹部较小，腹面有血丝状斑纹，生殖孔不突出，轻压腹部能挤出少量透明状精液。一般情况下，可按雌雄比2～3∶1选留。选留好的亲鳝放入繁殖池中饲养，繁殖池结构同黄鳝饲养池。

（二）亲鳝的培育

人工繁殖的成败关键在于亲鳝的培育，因此应精心培育，严格管理亲鳝，使其性腺达到成熟，然后才能进行催产。

1. 放养密度　一般每平方米培育池中放养7～8尾雌鳝和3～4尾雄鳝。

2. 饲料投喂　以动物性饵料为主，如小鱼、小虾、螺蚌肉、蚕蛹、蚯蚓等，在4～8月，尤其是5～7月繁殖季节前期，以投喂蚯蚓等优质饲料为主，适量投喂麦芽和鱼粉等制成的配合饲料，以增加维生素等营养物质。

3. 水质调控　池中经常加注新鲜河水，保持良好水质，水深10～20厘米，以利促进性腺发育。在池中放些水生植物如水浮莲、凤眼莲等，起遮阴和隐蔽作用。

二、催产和催产剂的使用

1. 催产时间　视亲鳝成熟度而定，一般在6月中下旬至7月上旬，催产水温23～27℃为宜。

2. 催产剂选择与使用　选用鱼用促黄体素释放激素类似物（LRh-A）和绒毛膜促性腺激素（HCG）均可。雌鳝用LRh-A 0.3微克/克体重剂量或用HCG 1～5国际单位/克体重剂量为宜，雄鳝剂量减半（在雌鳝注射后24小时注射），生产中以使用LRh-A为主，用量依据黄鳝个体大小、催产时水温高低而有增减（参考剂量见表1-5-1）。

表1-5-1　雌雄黄鳝体重与LRh-A使用量

亲鳝性别	体重（克）	一次性注射用量（微克）
雌鳝	20～50	5～10
	25～150	10～15
	150～250	15～30
雄鳝	120～300	15～20
	300～500	20～30

每尾亲鳝注射的催产剂液量为1毫升，操作时，由一人将选好的亲鳝用干毛巾包住鳝体，使腹部朝上，另一个进行腹部注射，进针方向大致与亲鳝前腹成45°锐角，针尖刺进深度不超过0.5厘米。由于雌雄亲鳝的效应不同，雌鳝产生药效比雄鳝慢，因此在实际操作时，雄鳝的注射时间须比雌鳝推迟24小时左右。注射好的雌雄亲鳝放入网箱中暂养，效应时间一般2～4天。效应时间与催产剂量关系松散，但与注射次数及当时的水温关系密切。

三、人工授精和孵化

（一）人工授精

人工授精和孵化方法与家鱼人工繁殖方法基本相似。人工授精，是通过人为的措施，将雄鳝剖腹取精和鳝卵混合在一起完成受精过程，此时准确掌握采卵、授精时间是人工授精成败的关键。注射后的亲鳝放入水族箱或网箱中暂养，水族箱中注水不宜过深，一般注水 20～30 厘米，每天换水一次，水温 25℃左右时，注射 40 小时后开始检查，每隔 3～5 小时检查一次，同批注射的亲鳝效应时间很不一致，一般需连续检查到注射后 72 小时以上，时间拖得越长，排卵、人工授精就越难获得成功。检查方法是用手捉住亲鳝，摸其腹部，并由前向后移动，如手感鳝卵已经游离，则表明即将排卵或开始排卵，应立即取出进行人工授精。一手垫干毛巾握住前部，另一手由前向后挤压腹部，部分亲鳝即可顺利挤出卵，但多数亲鳝会出现泄殖腔堵塞现象，此时可用小剪刀在泄殖腔处向里剪开 0.5～1 厘米，然后再将卵挤出，连续 3～5 次，挤空为止。放卵容器可用玻璃缸或瓷盆，将卵挤入容器后，立即把雄鳝杀死，取出精巢，取一小部分放在 400 倍以上的显微镜下观察，如精子活动正常，即可用剪刀把精巢剪碎，放入挤出的卵中，充分搅拌（人工授精时的雌雄配比，视卵量而定，一般为 3～5∶1），然后加入任氏溶液 200 毫升（鱼用任氏液配方：NaCl　0.75 克，KCl 0.02 克，Na_2CO_3 0.002 1 克，$CaCl_2$ 0.021 克，蒸馏水 100 毫升），放置 5 分钟，再加清水洗去精巢碎片和血污，完成人工授精后放入孵化器中，采用静水或微流水方式孵化。

为了加强孵化管理，应当掌握人工催产所得鳝卵的成熟度和受精卵鉴别及其相关技术。

刚产出的卵呈淡黄色或橙黄色，相对密度大于水，无黏性。吸水膨胀后卵径 3.8～5.2 毫米，每粒卵重 35 毫克左右。成熟度较好的卵，吸水后呈正圆形，形成明显的卵间隙，卵黄与卵膜界限清楚，卵黄集中在卵的底部，受精吸水后 40 分钟胚胎清晰可见。成熟度不好的卵，吸水后不呈圆形，或形成比正常卵大 2～3 倍的巨型卵，卵黄与卵膜界限不清，卵内可见不透明的雾状物。这可作为观察卵子成熟度好坏的指标，但不能作为鉴定卵子受精的指标，因为成熟度较好而未受精的卵也会形成假胚盘，进行细胞分裂。因而确定受精卵的指标是鳝卵胚胎发育进入原肠期。鳝卵卵黄丰富，未经处理的卵用肉眼或用光镜很难看清内部情况，一般要用透明液（透明液配方：福尔马林 5 毫升、冰醋酸 4 毫升、甘油 6 毫升、蒸馏水 85 毫升）透明后，光镜下观察才能清晰地看到。

人工孵化时，可根据雌鳝产卵数量的多少放于不同规格、不同性质的孵化容器（玻璃缸、水族箱、孵化池、孵化箱）中孵化，容积为 0.25 米^3 的孵化器可放受精卵 20 万～25 万粒。水温 25～29℃下，受精后 18～22 小时即可进行观察。此时取出鳝卵，在透明液中浸泡 3 分钟后，在光镜下观察，如见到囊胚向下延伸，原肠形成，则卵子已经受精。

（二）受精卵胚胎发育

水温 25～30℃时，卵子受精后卵膜膨起，形成明显的卵间隙，原生质开始流动。受精后 40～60 分钟，可见到明显的胚盘。第一次卵裂发生在受精后 120 分钟左右，由经裂形成 2 个相等的分裂球；第二次的分裂面与第一次垂直，在受精后 180 分钟左右，卵裂成 4 个相等的分裂球；受精后 240 分钟开始第三次卵裂，与第一次的分裂面平行经裂成 8 个大致相等的细胞；第四次卵裂在受精后 300 分钟左右进行，与第一次的分裂面垂直形成 16 个细胞；受精后 360 分钟左右，形成大小基本相等的 32 个细胞，呈单层排列。此后细胞分裂继续进行，经多细胞期，在受精后 12 小时左右发育至囊胚期；随卵裂的继续进行，动物极细胞越来越小，隆起的高囊胚逐渐变低，并沿着卵黄表面向植物极扩展，原肠作用开始；受精后 18 小时左右，动物极细胞下包进入原肠早期，形成环状隆起的胚环；受精后 21 小时左右，动物极细胞下包至卵的 1/3 处，胚盾出现；受精后 35 小时左右，动物极细胞下包至卵的 1/2 处，神经胚形成。受精后 44 小时左右，发育至大卵黄栓时期；受精后 48 小时左右，进入小卵黄栓时期；受精后 60 小时左右，胚孔闭合。

在原肠下包的同时，动物极一侧的细胞开始内卷，胚盾形成并不断加厚，形成原神经板。受精后 65 小时左右，形成神经沟；胚孔闭合的同时，细直管状的心脏形成，并开始缓慢跳动，每分钟 45 次左右，血液中无血红细胞。此后心脏两端逐渐膨大，有心耳、心室之分，进而出现弯曲，受精后 90 小时左右，形成 S 形心脏，心跳增加到 90 次/分钟左右，血液中因有红细胞而呈红色。从胚孔闭合时开始，尾芽开始生长，起初向前形成弯曲，而后朝后伸展并不断伸长；受精后 65 小时左右，神经胚头部膨大，形成前、中、后三个脑泡，随后可见到菱形的脑室。受精后 85 小时左右视泡出现在前脑室两侧，受精后 100 小时左右晶体形成。

胚胎发育过程中肌肉的运动，是在受精后 65 小时左右开始的。首先出现的是轻微地颤动，而后是抖动，至受精后 95 小时左右，胚胎可以在卵内任意转动。黄鳝胚肠发育中一个特殊的现象是鳍的形成和退化。受精后 69 小时，胸鳍形成并不断扇动，每分钟达 90 次左右；受精后 94 小时左右，胚胎的背部和尾部形成明显的鳍膜；胸鳍和鳍膜上布满微血管网，在显微镜下可见到血球有规则地运动，直到孵化后卵黄囊接近消失时，胸鳍和鳍膜才退化消失。

通常受精后的 5～7 天，胚胎破膜而出。多数仔鳝是头部先出膜，也有一些是尾部先出膜。仔鳝出膜时体长随卵径大小而异，刚出膜的仔鳝，卵黄囊较大，一般在 12～20 毫米。出膜时卵黄襄相当大，直径 3 毫米左右；此时仔鱼侧卧于水底，能做挣扎状游动。出膜后 72 小时，仔鱼体长可达 19～24 毫米；出膜后 144 小时，仔鳝体长达 23～33 毫米。此时卵黄囊已基本消失，色素细胞布满头背部，胸鳍、腹鳍退化消失，仔鳝能在水中做快速弯曲游动，并开始摄食水中的浮游动物，此时即可转入苗种培育阶段。

（三）孵化

一般生产中，也可采捕黄鳝受精卵进行人工孵化，培育黄鳝苗。夏季在黄鳝产卵的旺季里，待秧田追肥、薅草、禾苗封行以后，在稻田的丰产沟里，草多的堤冲塘堰周围的静水边，沟渠的静水处等地方寻找黄鳝卵。只要看到田、池中有泡沫堆，便是黄鳝的孵化巢，卵在其中。可用水瓢或大碗将卵同泡沫轻轻捞起，装在带淡水的桶里运回。将捕到的受精卵放入面盆、水缸或大木盆里静水孵化，水温稳定在 25～30℃，同时保持水质新鲜，一般 7 天左右就可陆续孵出幼鳝苗。此时可在盆里放些丝瓜筋，让新孵出的幼鳝有栖息隐蔽的地方。幼鳝出膜后的头几天，以自身的卵黄为营养，不需摄食。待卵黄囊将近消失时，约 7 天后可用煮熟的鸡蛋黄搅碎调成水液，浇在盆中饲喂。幼苗在盆中培育期间要保持水质清新，不要用带油质、有异味和未经阳光照射的浑水，否则会导致黄鳝死亡。放养密度不宜过大，可随幼鳝的不断长大而分散饲养。幼鳝口小，不能摄食大颗粒的食物，故投食时要少量多次，不要过量，待幼鳝长到 10 厘米以上时，可将蚯蚓、蚕蛹（煮熟）切碎投喂，但仍要注意投饵要少量多次。

半人工繁殖过程同全人工繁殖方法相似。只是注射催产剂后，让其自然产卵、受精、孵化，然后捕出仔鳝，单独培育。

第三节　自然繁殖

黄鳝性腺发育受体内生理调节，也受外部环境的影响，可以通过强化饲养管理和创造一个符合黄鳝繁殖的生态条件，达到黄鳝自繁的目的。亲鳝选择与培养和人工繁殖一致。其他主要措施是：

一、繁 殖 池

繁殖池和饲养池一样，采用水泥池或土池均可。建造繁殖池或在饲养池中分割出一块专做繁殖用。在繁殖池中还需要再建一个面积适宜的幼鳝保护池，池壁上多留些圆形或长方形孔洞。孔洞处用细眼铁丝网与繁殖池隔开，水能相通，幼鳝能从网眼中进入保护池，而雌雄亲鳝不能进入，以保护幼鳝。

二、亲鳝放养与培育

根据黄鳝性逆转的特点，每平方米繁殖池内放入体长 25～30 厘米的亲鳝（多为雌性）3～4 条。不论雌雄，均需挑选体色鲜艳呈黄色、体壮的个体，在繁殖前 1～2 个月精心管理，喂足蚯蚓、蝇蛆等高质量的动物性饵料，促进亲鳝的性腺发育。

三、模拟生态环境

模拟黄鳝在田野中产卵的环境，在繁殖池的四周（离池壁一定距离）和中间堆筑土埂，埂宽约 20 厘米，高出水面 10～15 厘米，埂边上再栽些挺水植物，池中投放些漂浮植物，到了繁殖季节，亲鳝常在池埂边或池中的草丛下筑巢，自然产卵。

四、产卵期的管理

黄鳝产卵期间，保持环境安静，尽量少惊扰。繁殖池的水要求微细的流水或经常不断的渗水来保持良好的水质。进水要先通过幼鳝保护池，再缓缓流入繁殖池，通过缓流的刺激，引诱鳝苗溯水而上，进入保护池。

在繁殖池和保护池中放置一定数量的杨树根、绿纱网片等柔软多须之物，以便鳝苗隐蔽、栖息，也便于人工收集移养，避免幼鳝被敌害生物或亲鳝吃掉。

第四节　鳝苗培育

将体长仅 25～30 毫米的鳝苗培育成体长 15～20 厘米、体重 10～30 克的鳝种，通常需要 4～5 个月。

一、鳝苗来源

鳝苗的获得主要有两个方面：一是采捕天然苗，在 5～9 月间，于稻田、沟渠、湖泊浅滩杂草丛生的水域及成鳝养殖池内，寻找泡沫聚集的产卵孵化巢，用瓢或桶等工具将卵连同泡沫巢一同轻轻地捞取起来，然后放入水温 25～30℃的水体内孵化，以获得鳝苗；二是由人工繁殖获得鳝苗。

二、池塘条件

苗种培育池不宜过大，一般为 10～15 米^2，池深 40～50 厘米，池底有 5 厘米厚的土层，水深 10～20 厘米。使用前先以生石灰消毒，每平方米使用生石灰 100～150 克，而后按 0.5～1.0

千克/米^2 施粪肥肥水，加水培养浮游生物饵料，同时移植丝蚯蚓，放养水葫芦等水生植物。

三、鳝苗放养

鳝苗卵黄消失后，以熟蛋黄喂养 2～3 天后，即可转入苗种池培育。每平方米放养 300～450 尾，通常是施肥后一周浮游生物出现高峰时再放养，最好是上午 8～9 时、下午 4～5 时放苗，避开中午。

四、饲养管理

1. 驯化与投喂　苗种阶段鳝鱼主食枝角类、桡足类等大型浮游动物，以及蚯蚓、水生昆虫、摇蚊幼虫，其中丝蚯蚓为最佳饵料。因此，在下池前几天最好喂丝蚯蚓碎片，使其吃到充足的开口饵料，并训练其集群摄食习惯。

2. 及时分池　为保证鳝苗迅速长成，避免自残，在苗种期应进行两次分养。饲养 15 天左右第一次分养，使密度降至每平方米 150～200 尾。饲养 30 天后第二次分养，使密度下降到每平方米 100～120 尾。第一次分养后，即可投喂整条的蚯蚓、蝇蛆、小杂鱼肉浆，也可喂少量麦麸、米饭、瓜果、菜屑等食物。日投饵率 8%～10%。日喂两次，上午 8～9 时、下午 4～5 时各一次。待第二次分养后，便可喂以大型的蚯蚓、蝇蛆等，活饵投量为体重的 6%～8%。逐步投喂全价颗粒饲料或自制配合饲料进行驯食，为成鳝养殖服务。

3. 水质与水位调控　一是调节水温在 25～28℃，通过遮阴、加水、种植浮叶植物来实现。二是调节水质，要求水肥、活、爽，含氧充足。主要通过加注新水、更换老水、施用生物菌加以调节。春秋季 7 天换水一次，夏季 3 天换水一次，每次换水量为

1/3～2/3，先排水、后进水，换水在傍晚进行。三是巡塘防逃，观察鳝苗动态，及时捞出污物，防止敌害侵害。四是做好病害防治工作，饲养期间，预防为主，定期选用高效低毒药物杀虫灭菌，减少病害损失。

鳝苗在越冬前，一般能长至 15 厘米左右，一部分可以转入成鳝池，一部分可在原池越冬。通常水温降至 12℃时，鳝种停止摄食，钻入泥中越冬。此时应加深水位，使冻层以下有稳定水位，保护钻泥黄鳝越冬。若条件允许，在原池上搭设塑料薄膜，增加防寒保温效果。

第六章

成鳝养殖

商品鳝养殖就是将体重 10～50 克的鳝种培育成 100 克以上的食用鳝。目前养殖形式主要有池塘生态养鳝、稻田养殖、无土流水养鳝（流水鳝蚓合养法）、网箱养殖、庭院养鳝、鳝龟鳖混养等形式，养殖技术包括建池（网箱设置）、放种、投饵、管理等几个方面。

第一节　池塘生态养殖

池塘生态法养殖黄鳝不但能较好解决水质控制和饵料供应的问题，而且成本低，方法简便，效益高。

一、池塘条件

（一）黄鳝池建设地点的选择

黄鳝对环境适应性较强，对水体、水质要求不是很高，一些不宜养殖其他鱼类或不宜种植作物的水坑、水塘等废弃水体或农田中都可加以改造用来养殖黄鳝，也有在种植茭白、莲、菱的水体中从事黄鳝养殖。

进行规模化无公害养殖生产时，必须根据黄鳝的生物学特性及其对环境条件的要求，统筹规划，按照鱼类养殖要求科学地选址和建池，选择向阳通风、水源水质良好的地方建池，要求做到冬天保暖，夏天阴凉，水源充足，灌排方便，水质清洁，附近无污染源或农药及其他有害物质进入水体。

（二）鳝池的形状和大小

黄鳝池形状可与美化环境结合起来设计，长方形、方形、圆形、椭圆形鳝池均可，面积无严格限制。目前采用较多的是长方形鳝池。池的大小根据养殖规模而定，小池 10～50 米^2，大池 50～200 米^2，500 米^2 以上也可，保水深度 0.7～1.0 米，深些更好。

（三）养鳝池的结构

鳝池结构对养鳝的成活率有很大关系，目前常采用砖池（或水泥池）和土池两种。

1. 砖池 池壁用砖或预制块砌成，用水泥勾缝，池底可用预制块、黄沙或三合土铺平夯实。池壁或池底都不能留有孔隙，以免黄鳝钻洞逃逸。池四周的顶部用预制板砌成 T 形，以防黄鳝尾巴钩墙或在雷雨时沿水柱上窜外逃。池底要有水位差，在距池底 40 厘米处的池壁（一侧或两侧）上开一出水孔，用钢丝网罩住，平时将孔堵上，大雨时作排水用。池建成后，先灌水冲洗浸泡数天，然后排干水，在池底铺上一层含有机质较多的黏土或用河泥和粪肥沤制的土，饲养前加注清水，水深 30 厘米左右，池内移植部分水生植物。

2. 土池 应选择在排灌条件好、土质较坚硬的地方挖池，用挖出的土在周围打埂，埂高 40～60 厘米，埂堤要分层夯实，池深 1 米，池底可铺设一层无结节网，网片上铺泥土约 40 厘米，以防黄鳝打洞逃跑。为方便冬天起捕，可在池底铺设密眼网片，网片上加土 25～30 厘米。土池适宜大规模养殖。

二、放养前的准备

（一）养殖池的消毒

苗种放养前15天，每平方米使用生石灰100～150克或漂白粉10～20克消毒，放养前5～7天每平方米施经发酵的粪肥肥水0.5～1.0千克，施肥后加水培养浮游生物饵料，为黄鳝下池后提供丰富的生物饵料。

（二）生态环境的营造

1. 引蚯 模拟黄鳝生长的生态环境，因地制宜规划和修整池塘，若养殖面积较大，可在池中堆积若干条宽1～1.5米、高20～25厘米的土畦（选用含丰富有机质的壤土），用于繁殖蚯蚓（每平方米土畦投放大平二号蚯蚓2.5～3千克，并在畦面铺4～5厘米厚经过发酵的牲畜粪，作为蚯蚓的饵料），为黄鳝提供春、夏、秋季的大部分饵料。

2. 种草 同时在池塘四周斜坡面水下部分先铺上10厘米左右厚的秸秆、瓦砾或栽植一定密度的水生植物，人为造成一些洞穴，让黄鳝安居穴中。池中还可适当移（栽）植一些水生植物（以多品种为佳），如水浮莲、水葫芦、慈姑等，可吸收水中营养物质，防止水质过肥，基叶在炎热的夏季还可为黄鳝遮阴，改善池塘环境，降低池中水温，可使水质处于良好状态，以利黄鳝生长。

3. 放螺 条件许可的情况下，可在池塘中混养一些螺蛳。螺蛳摄食土壤中的微生物、硅藻类及鳝的残饵，黄鳝长大后可吞食较大的螺蛳。因此，应根据饵料情况补充部分种螺。一般在鳝种下池第4天，每平方米鳝池投放10千克螺蛳，主要为解决早春黄鳝的饲料问题。

三、苗种放养

苗种放养是鳝鱼养殖生产中的重要一环，放养密度必须科学合理，才能获取较好的养殖效益。

（一）苗种来源

目前鳝苗的来源主要靠采捕（购买）或池塘培育的幼鳝。春天气温回升时是捕捉鳝种的最好季节，其他季节可利用黄鳝夜间觅食的习性来捕捉，捕苗方法以鳝笼诱捕和手捉为好。自育优良鳝种是规模养殖获取高效养殖的基础。

（二）苗种选择

在购买或采捕黄鳝苗种时，应选择笼捕鳝苗，挑选体质健壮、无病无伤的作为苗种，以深黄大斑、土红大斑的苗种为佳。钩捕受伤的鳝苗，放养后成活率较低，即使不死，生长速度也相当缓慢，不宜选用。如从市场上收购，不能买用糖精、米汤水喂过的鳝苗。收购回来的苗种先放入清水中，鳝头伸出水面不下沉、鳃部鼓大的弱苗剔除，再剔除身体发红、尾部发白、肛门红肿、肚皮朝上的伤苗。池塘培育的鳝种，应挑选活动有力、规格整齐的幼鳝，剔除弱苗、伤苗。

（三）放养规格

苗种规格一般以每千克 20～60 尾为宜。这种规格的苗种整齐，生命力强，放养后成活率高，增重快，产量高。鳝种规格过小，摄食能力差，增重不快，当年不能收益。放养的苗种要注意规格整齐，大小要尽可能一致，不能悬殊太大，不同规格的苗种必须分池分级饲养，以免争食和互相残杀，影响生长和成活率。

（四）放养前准备

鳝种入池前要做两项准备工作：一是鳝种消毒，二是鳝池消毒。幼鳝入池前，要用药物制成的溶液中浸泡，以杀死体表的寄生虫和病菌，防止其在养鳝池中传染。浸泡方法为：每立方米水体放硫醚沙星2克，水温24～26℃浸泡5分钟或用3%～4%的食盐水浸泡5～10分钟。上一年曾养过黄鳝的池子，在鳝种入池前15天，每平方米使用0.2千克生石灰清池消毒，或用4毫克/升氟哌酸溶液消毒30分钟，以杀灭黄鳝体表的病原体，然后再放入养殖池。

（五）苗种放养

1. 放养时间 4月，水温在15℃左右，鳝池消毒7天后，选择晴朗天气放养，这时黄鳝开始摄食。为争取生长期，应尽量提早放苗，提早开食，延长生长期。放养收购的天然幼鳝，以早春头批捕捉的黄鳝苗种放养为佳。7月下旬也是放养的好时机，因为这时黄鳝繁殖期已过，放养成活率较高，且鳝种价格较低，不利是养殖周期较短。

2. 放养密度 放养密度依鳝池大小、饵料来源、苗种规格、养殖形式以及饲养管理水平等不同而异。养殖条件好，管理水平高，放养密度可适当增大，每平方米放养体重25克的幼鳝100～150尾，即每平方米放养幼鳝重量2.5～4千克。放养规格较大，密度可相应减少。反之，则可相应增加。如饵料充足，也可适当增加放养密度。放养鳝的同时，宜搭配放养一些泥鳅，以每平方米放养1～3尾为宜，主要是发挥泥鳅上下游窜活动频繁的作用，可防止黄鳝因密度过大而引起互相缠绕，同时也有利于充分利用残饵，减少疾病。

3. 驱虫 野生黄鳝入池一周时，在饲料中拌入驱虫药物，一般每100千克黄鳝用0.2～0.3克左旋咪唑或甲苯咪唑拌饲驱虫一次，三天后再驱虫一次。

四、饲养管理

商品鳝的饲养管理主要包括饵料品种选择、投饵方法、水质管理、防暑降温、设施检查等工作。

（一）饵料投喂

1. 饲料种类　黄鳝是肉食性鱼类，主要饵料有蚯蚓、蝌蚪、蝇蛆、小鱼虾、蚕蛹、螺蛳、河蚌肉、动物内脏等，以蚯蚓为最好。人工饲养黄鳝，一般以投喂优质的专用饲料为主，在动物性饵料不足的情况下，也可混合一些植物性食物，如麸皮、饼粕和瓜果皮之类的甜酸食物，添加适量诱食剂和黏合剂，加工成条型、颗粒软饲料投喂。黄鳝虽然有很强的耐饥能力，几个月不吃食也不会饿死，但养殖的目的是要加快它的生长，获取最高产量和最佳经济效益。实践证明，充足投喂营养全面的饲料，当年黄鳝可增长 3～6 倍，一般的也可增长 2～3 倍。

2. 投喂方法　黄鳝喜食活饵料，不吃腐臭物，故投放的饵料力求新鲜，每日投喂量应根据前一天吃食的多少加以调整，以 2 小时吃完或略有剩余为度，按照在池黄鳝总重的 3%～10%掌握。投饵时，切不可时多时少、时停时投，这样做不利生长。投饵过多，黄鳝贪食过量，易患腹胀病；过少则生长缓慢，甚至会造成大吃小的现象。按照黄鳝的生活习性，投饵一般都在黄昏进行。为使黄鳝养成定点吃食的习性，便于观察吃食情况和清扫残饵，应设食场，固定地点投喂。可用木框或聚乙烯网布做成食台。为避免黄鳝出穴集群争食，食台应适当分散，多设几个。投饵应坚持“四定”、“四看”，这是健康养殖的原则。鳝鱼在入冬前需要大量摄食，储积养分，供冬眠之需。气温下降到 15℃左右时应投喂优质饵料，使之达到膘肥体壮，以利安全越冬。

(二)驯食

依据黄鳝天然食性，养殖户普遍采用投喂鲜活饵料进行人工养殖，这些鲜活饵料包括蛆蛹、小杂鱼、河蚌、螺类或灯火诱虫。优点是黄鳝能很快形成摄食习惯，但鲜活饵料数量和质量无法得到保证，同时鲜活饵料利用率低，饵料系数高，对环境影响大。所以，进行大规模养殖，必须以优质配合饲料为主。

能否将黄鳝驯食后摄食配合饲料，这是规模养殖必须解决的技术问题。黄鳝驯食技术以建立黄鳝饥饿感和制作合适的鳝料形状来提高黄鳝驯养的成功率。在生产实践中，一般是在鳝种放养两天后进行，驯食前两天不喂食，让黄鳝产生强烈的饥饿感，驯食时间3～6天，驯养饵料选用新鲜蚌肉、蚯蚓、小鱼等动物性饲料加配合饲料揉成团，切成条状，或用6～7毫米模孔绞肉机加工成肉糜，再拌入精心配制的黄鳝饲料，然后用3～4毫米模孔绞肉机压制成直径3～4毫米左右、长3～4厘米的软条形饲料，略微风干，即可在傍晚投喂，投喂时直接撒入定点投喂区域内或食台上。第一天，动物饲料与配合饲料的比例为3∶1，投喂量控制在鳝种总重的1%，这一数量远在黄鳝饱食量5%～8%以下，因而黄鳝仍然处于饥饿状态，为建立群体集中摄食条件反射创造了良好条件。第二天为2∶1；第三天为1∶1；第四天为1∶2，第五、六天可视黄鳝摄食情况全部改投人工配合饲料。特别注意投喂量应以60分钟吃完为度，以提高饲料效率和降低载体的负荷。驯食也可采用一食多餐的方法，就是要根据黄鳝进食的情况多次投喂，这样可以避免饵料剩余污染水质。

人工饲养的黄鳝，经人工驯食后也可改在白天摄食。驯食方法是，从傍晚开始投喂，每天延迟2小时投喂，经10天至半个月驯养，亦能使其在白天摄食。黄鳝对饵料选择性强，在养成食用习惯后，就很难改变其食性。所以驯化集群吃食时，一定要科学配方，精细加工，制成适口性好、营养全面的优质饵料，这种配合饵料必须具备特殊的饲料加工形状和科学营养成分组成，驯化成功后不要轻易改变饲料品种和配方。有条件的养殖单位可就地加工、就地使用。

（三）日常管理

日常管理工作，除了前面所讲的投饵外，还必须搞好水质管理、底质管理、补饲控饲、季节管理、防逃防病等五个关键环节。

1. 水质管理　保持池水酸碱度适宜和水质清新，是加快黄鳝生长的必要条件。养鳝生产中应从三个方面加强水质管理：一要保持适当水位。水浅易导致水质恶化，引起黄鳝停食和患病。黄鳝为穴居性鱼类，池水不能太深，以免其吃食、呼吸困难，所以应稳定在10～20厘米水深，最深不超过30厘米。二要坚持勤换水。一般情况下3～5天应换水一次。养殖面积较小时，新换的水特别是井水，要提前一天抽到蓄水池，进行水温调节和曝气，通过调节使蓄水池的水与池水相近，温差不能超过3℃，水中富含氧气；高温季节水位可适当加深。当天气由晴转雨或由雨转晴，天气闷热多变时，水体往往容易缺氧，凡在这种天气的前夕都要灌注新水，防止水质变坏，以免黄鳝过多地将头伸出水面呼吸，增加消耗而影响生长。养殖期间，气温正常，水质如无明显变化，可2～3天换水一次，保持水质良好，水体溶氧不低于3毫克/升。春秋季节每周换水1/3。饲养期间，若晚上见不着黄鳝头露出水面，即预示水质将发生变化，应立即换水，否则会大批死亡。三要及时清除残食。每次喂食3小时后，对残留饵料进行清除。特别是盛夏高温时节，为防止残饵发酵病原微生物大量繁殖，必须坚持每周向池中或者网箱中泼洒一次生石灰水，以杀灭病菌，调节水体酸碱平衡。

2. 底质管理　黄鳝经常患病，生长缓慢，很重要的原因就是鳝池底质有问题。养鳝最好直接用黄黏泥粉碎后铺垫池底，切忌直接捞取河塘的黑色淤泥作底质，因为其肥度高、病菌多，黄鳝极易感染发病。如用河塘泥作底质，应先捞出摊晒 3～5 天，使其疏松和有机物充分氧化后铺入池底，再注进池水。对发病鳝池，要彻底清除池底淤泥，用曝晒过的河塘泥替换，彻底杜绝细菌繁殖。若用网箱养鳝，同样要用曝晒过的河塘泥作底泥，厚度 10～15 厘米。

3. 补饲控饲 当饵料明显不足时，需补充饲料，可补喂螺、蚌肉及混合饲料。饵料过剩时，要及时将饵料打捞出池，以免造成浪费和恶化水质。

4. 季节管理 水温的高低直接关系到黄鳝的摄食和生长。通常水温在 10℃以下，黄鳝处于休眠状态，不出洞也不吃食；水温上升到 12℃时开始出洞觅食，但活动力弱。黄鳝生长的适宜温度为 15～28℃，水温在 28℃以上时，摄食量下降。水温的高低与季节相关，季节管理的重点是夏秋冬三季管理。

（1）夏季防暑。夏季是黄鳝生长旺季，所以降温是保证其生长的关键。饲养中要注意保持适宜的水温。鳝池水浅，很容易急速升温，所以要以换水、遮阴（池子四周种植南瓜、丝瓜、扁豆、葡萄等攀援植物或用稻草搭棚）和种植水生植物（如水葫芦、水浮莲、浮萍等）三个途径来实现降温，以利黄鳝的摄食生长。水温超过 30℃时，以微流水降温效果尤佳，如发现黄鳝头部露出泥沙外或全身卧于泥上，反应迟钝，则需赶快冲水或在养殖池上方加盖遮阳网，一般可避免死亡。取用井水、泉水时，进水速度不能过快，以免温差太大，黄鳝一时难以适应而得病死亡。

（2）抓好秋季催膘。秋季前期是黄鳝生长催膘的黄金阶段，此时要尽量投喂营养全面的新鲜饵料，为准备进入冬眠期做好营养储备。另外，秋末气温不断下降，有条件的可在鳝池上用透明塑料薄膜搭高人工保暖棚，可保证正常光照，又能延长一个月左右生长期，这对夺取黄鳝高产效果十分显著。

（3）确保安全越冬。每年11月气温下降到10℃以下时，黄鳝即停止摄食进入休眠期。对当年达不到上市规格或准备囤留到春节期间价高时上市的黄鳝，应及时采取安全越冬措施：一是干池越冬。黄鳝停食后，将池水放干，为保持池泥湿润和温暖，上面覆盖10～15厘米厚的草包或农作物秸秆等，保持越冬土层温度始终保持在0℃以上，以避免结冰而使黄鳝冻伤致死。覆盖物不要堆积过密，以防黄鳝窒息死亡，同时还要注意防止老鼠和畜禽的危害。二是深水越冬。即在黄鳝进入越冬期前，将池水升高到1米左右，让其钻入水下泥土中冬眠。越冬期间，若池水结冰，应及时人工破冰，以防冰封导致鳝池缺氧。若条件允许，能利用工厂余热水或进行设施养殖，使池水温保持在25℃左右，则可延长黄鳝的生长期，加快鳝鱼生长，提高单位产量。三是室内越冬。当气温在10℃以下时，将池塘养殖的黄鳝转到室内越冬。在室内用池子或水盆按1千克黄鳝2千克水的比例，将黄鳝放到池子或盆中，每天换水一次，保证室内温度在2～5℃。温度过高黄鳝就活动，水容易恶化，但温度低到零度以下时，则容易冻伤黄鳝。四是塑料大棚越冬。当水温低于12℃时，采用塑料大棚越冬，池子水位比养殖水位略高就行，棚内气温保证在2～8℃。每天中午温度最高时把大棚的通风门打开，让棚内空气清新，大棚顶端安装通风孔，以防黄鳝缺氧死亡。

（四）防逃防病

雨天，尤其连续大雨天气，应及时排水，防止漫池逃鳝。要经常检查排水孔，排水孔处鳝栅网应可靠而坚实，以防鳝鱼从排水孔逃逸。注意巡塘检查塘埂四周是否有鼠洞、池壁裂缝等情况发生，如有发现应及时修补。

黄鳝发病的原因很多，投喂大量饲料、产生硫化氢等有害物质引起水质恶化是造成发病的主要原因。因为有机质的分解需要吸收水中大量溶氧，放出硫化氢、甲烷等有害气体。氨氮含量增高，往往使黄鳝浮头直至中毒死亡。在黄鳝养殖中，防病一直是一大难题，还因为黄鳝体表无鳞，易受致病菌、寄生虫的侵袭，再加上黄鳝对少数药物敏感，专用的特效药不多，所以在生产中要以生态预防为主，比如，养殖用水严格消毒、过滤，在鳝池中放养蟾蜍，减少人为损伤等。平时如见到病鳝应及时捞起隔离，查明病因，对症下药。

第二节 网箱养殖

网箱养殖黄鳝是一种新型的养殖技术，目前已成为新的热点。鱼池网箱养殖黄鳝，具有占用水面少、病害少、成活率高、生长快、易养易捕等优点。网箱养殖黄鳝是目前最普遍的养殖模式。

一、水域选择

池塘、水库、湖泊、河流、低洼田等水体都可网箱养黄鳝，要求水质良好，水体交换方便。黄鳝对环境适应性较强，底栖生活，喜栖于腐殖质多的浅水水体中。鱼池是网箱养殖黄鳝栖息的良好环境，环境条件的好坏会直接影响黄鳝的生长。网箱养殖黄鳝的鱼池，要求符合精养鱼池条件。

（一）场地选择

鱼池地势要稍高，背风向阳，东西走向，周边环境安静，水源充足，水质良好，无污染。这样可增加鱼池日照时间，溶氧充足，有利于鱼池中浮游植物的光合作用。黄鳝养殖池中保持一定的肥度，对提供溶氧有利，因溶氧主要源于浮游植物的光合作用。鱼池用水泥或石块护坡更好，池埂的横、纵向要有 2 米的宽度，便于人工活动操作。

鱼池最好为长方形，长宽比为 2～3∶2，面积 2 000～6 000 米^2，池深 2.2～3.0 米，水深 2～2.5 米，可以确保黄鳝在高温和严寒期安全度夏和平安越冬；水中无杂物，透明度 15～20 厘米；底部要平坦，向排水方向稍倾斜；排灌自然，避免串灌，可预防疾病传染。

（二）河道、水库选择

在河道、水库等大水面放置网箱养殖黄鳝，要求放置水域水源充足、无污染、无旱涝灾害，风浪较小、水位变化不大、方便操作。

二、网箱制作与设置

（一）网箱制作

箱体选用网目为 1 厘米的聚乙烯无结节网片制成长方形网箱，5 米×3 米×1.5 米或 4 米×3 米×1.5 米长方形封闭六面体，箱架为毛竹框架，网箱底以上 50 厘米处捆绑在箱体浮架上，浮架四角固定在泡沫塑料浮子上。箱底四边与钢筋制成的框子垂直。网箱上纲用直径 3 毫米的尼龙网纲。网箱角与浮架用 8 号铁丝拉紧。网箱上部高出水面 50 厘米。网箱底部放置一层竹夹板。

（二）网箱设置

网箱放置于水域（主要是池塘）避风向阳处，采用漂浮式，网箱与网箱相隔 3～4 米，池塘水深 1.5 米以上。箱底距池底高度 50 厘米以上。水透明度 25～30 厘米。

池塘内放养常规鱼类。网箱在鱼种入箱前 15 天下水，有利于网箱的网片上着生藻类等附着物，可有效避免鳝种摩擦受伤。网箱固定后，在箱内投放一定厚度的水生植物，投放量为网箱面积的90%左右，水生植物入箱前，用敌百虫、漂白粉、高锰酸钾等杀虫灭菌，避免把寄生虫或病原体带入池内。网箱放置密度为每670米^{2}2口/亩，即每670米^{2}放置网箱面积为25～30米^2。

三、放养前准备

养殖黄鳝具有良好的经济效益。目前，各地在池塘、河沟、稻田等水域中设置专用网箱养殖黄鳝发展迅速。然而许多养殖户却忽略水生植物栽培，致使黄鳝生存环境不良而造成养殖失败。

1. 水草在养殖中的重要作用

（1）防暑降温。丰茂的水草能遮挡直射的太阳，确保在炎热的夏季，网箱中水温在30℃（黄鳝能正常忍受的高温范围）以内。

（2）改良水质。因投喂动物性饵料，养殖水体的水质极易败坏，产生有害物质，危害黄鳝，而水花生、水葫芦等水草具有强力吸污净化水质的功能，有明显改良水质的重要作用。

（3）支撑鳝体。黄鳝用口咽腔、皮肤等呼吸空气以补充鳃呼吸的不足，而它体内的鳔已严重退化，不能像一般鱼类那样可在不同水层随意漂浮停留。只有借助于水草的支撑而停留于水的表层藏身，鼻孔露出水面直接呼吸空气，以减少在水体上下频繁游动而消耗体力。这一点在网箱养鳝中显得尤其重要。

（4）提供隐蔽场所。自然条件下，黄鳝喜好在水草多且避光阴暗的地方栖息索饵。人工养殖池或网箱中，白天黄鳝同样趋向多水草的地方隐藏。

（5）御寒保温。冬季，网箱中水草枯萎，但不论是在稻田还是在较深的水域中，覆盖在水表的水草能够起到保温和御寒的作用。

2. 适宜养鳝使用的水草　选用水草要求是：具有耐高温、低温；水上枝多叶茂、直立或匍匐状；水下根茎繁密，且纵横生长；根茎、枝叶光滑；吸污净化水质功能强；繁殖快、易移植等特点。目前，生产中常选用水花生、水葫芦、油草等三种，以水花生为首选。

（1）水花生。生长繁殖快，枝叶茂盛光滑，水上、水下部分丛生，吸污净化水质能力强，适宜各类深浅水体养鳝使用。越冬期虽水面以上部分枯萎，但还有一定的密度覆盖水面，可保持和缓冲气温，而水下部分依然繁密，利于支撑黄鳝栖息越冬。生长期常发生虫害，应注意预防。

（2）水葫芦。生长繁殖快，枝叶较多，光滑，水上部分丛生，水下部分根系少，无横向交错生长，无法支撑鳝体，吸污净化水质能力强，只适宜浅水体（稻田网箱）养鳝使用。越冬期水上、水下部分均枯萎，不能用作深水养殖黄鳝越冬使用。生长期一般无病虫害。

（3）油草。生长繁殖快，水上部分秆叶数量多，细而粗糙，易伤鳝皮肤；水下部分根系纵横交错发达，吸污净化水质能力比水花生和水葫芦差，较少用于养鳝。越冬期水面以上部分虽枯萎，但十分密集，保持和缓冲温度能力最强；水下部分依然茂盛，利于深水黄鳝栖息越冬。生长期一般无病虫害。

3. 水草入箱　在长江中下游地区，每年四五月黄鳝入箱前两周，野生水花生、大棚越冬保种的水葫芦、油草等就可采集移入网箱，水草覆盖率80%～90%，入箱前要用浓度为10毫克/升漂白粉消毒，以去除水蛭和病菌。入池后适当泼洒无机肥，保持水体透明度25～30厘米，移植的水草将迅速生长繁衍。在放养鳝种后的整个养殖期，由于投喂动物性饵料，水质较肥，水草不需特别管理而能够自然生长，网箱中水草过多应割除。

据多年实践和调查，仅发现水花生易患虫害，这时向水草喷洒敌百虫即可消除。方法是将90%晶体敌百虫溶于水，在晴天使用，用喷雾器均匀喷洒在水草上，用量以不超过每平方米水面0.2克为宜。

四、鳝种放养

1. 苗种选择 适合网箱养殖的黄鳝最好就地取材，选择深黄大斑鳝或浅黄细斑鳝，皮肤完好、活泼健壮、规格整齐、体色亮泽的鳝种。不能选择灰色鳝，选种要求体表无伤，黏液完好、体质健壮、活动力强。

2. 放养规格与放养量 鳝种规格在20～50克/尾，要求同一网箱规格整齐，个体相差不超过5克。放养量约1～2千克/米^3。经过驯食10天后，再投放泥鳅5～15尾/米^2，同时放养少量泥鳅、鲫等。通过泥鳅上下窜游可防止黄鳝互相纠缠，利用鲫清除残饵。

3. 放养时间 放养时间最好在4月，水温稳定在15℃以上时，其次为5～6月。4月中旬，长江中下游水温稳定在15℃以上，此时投放的鳝苗生长期长，增肉倍数高，效益好；如网箱数量多，苗种需求量大，放种时间最好选择在6月中旬连续晴好的天气进行，此时水温相对稳定，苗种入箱后成活率高；7月底至8月投放的苗种，生长期短，一般不以当年上市和生长增重为目的，主要作为翌年苗种续养或到冬季赚取季节差价。

4. 放养前的处理 鳝苗经过长途运输，体能消耗大，加上高密度装载，容器内的代谢产物骤增，水质差，到达目的地后需立刻换水。更换的新水与容器内的水温差严格控制在2℃以内。换水的同时，清除排泄物和杂质，再用药物对鳝苗进行药液浸浴，选用的药物多以碘制剂为主，如聚维酮碘1毫克/千克。体质较弱的鳝苗可另加20毫克/千克电解维他。药浴时间一般为5～10分钟。

浸洗过程中剔除病、弱、受伤的鳝种，分规格分级入箱，不同花纹及色泽的黄鳝分箱放养。

驱虫处理同池塘生态养殖。

五、饲料投喂

1. 驯食 从市场选购和天然捕捞所获得的野生鳝苗，在人工养殖时必须首先进行驯食，使之接受人工投喂的饲料。黄鳝入箱 2～3 天后，可以对黄鳝驯食。驯食需设置饲料台，饲料台的数量按每 4～6 米^2 面积设置一个，且饲料台设置在网箱内中央区水草密集处的水平面上，均匀分布，以便让水草托起投喂的饲料和摄食的黄鳝。黄鳝对饲料的蛋白质和氨基酸平衡有着严格的要求，目前最常见的方法是用鲜鱼拌和配合饲料饲养，鲜鱼以低质鱼为主，少数地区以野生蚯蚓为主。配合饲料国内目前已发展到 70 余个品牌，选择一流品牌的配合饲料是获得高产高效的重要途径。驯食的饲料品种应充分考虑其是否能够可持续地供应，因为黄鳝吃惯了某种饲料后改变饲料品种与配方则会减食或拒食，特别是当改变的饲料品种质量变差的情况下表现尤为突出。

驯食方法与池塘生态养殖相同。

2. 投喂 经过一段时间的驯养，黄鳝摄食已正常，一天投饲两次，上午 9：00、下午 18：00 各一次，两次投喂量分别为日投喂量的 1/3～2/3。日投喂量掌握在体重的 3%～5%。饲料投喂在食台上。食台用高 10 厘米、边长 40～50 厘米的方筐制成，筐底和四周用纱窗布围住。食台固定在箱内水面下 20 厘米处，每箱 1 个食台。注意每天清洗食台一次，将残饵清出箱外，以免影响箱内水质。

六、养殖管理

1. 环境维护 鳝种下箱后的半个月是影响成活率的关键。因为鳝种下箱后，由于栖息环境突变和放养密度增大，应激反应增强，皮肤分泌的黏液减少致使抵抗力下降。外界致病微生物极易致病导致鳝的死亡，所以需在苗种下箱第一天开始使用药物控制网箱内水体环境，保护体表黏液。在稻田、洼塘等小水体进行网箱养殖时，调控水质尤为重要，可经常使用水质改良剂，如“灭菌洁水宝”、“EM 生物生物制剂”、“恶水底毒净”等。这些药剂入水后，发生水解和聚合反应，产生铝、钾、硅等离子及多种多核羟基络合物，能强烈地吸附和络合水体中的胶状有机物质，经过聚集作用而形成可分离的大颗粒絮凝体，从而使水体和网箱底得到净化，达到降低氨氮、二氧化硫、亚硝酸盐和络合有害物质的目的，并对有机磷药物具有解毒作用。

2. 水质管理 网箱养鳝水质调节很关键，要求水质新鲜洁净，溶氧充足，pH6.8～7.8。养殖初期（4 月初～6 月初）每隔 3～4 天更换池水的 1/3。6 月中旬以后是黄鳝生长旺盛期，随着个体增长，摄食量增加，排泄物大量沉积，极易污染水质。这期间除每天更换池水外，还要求微流水，以促其快长。更换池水时将进、排水口同时打开，使池内水体作旋转流动，将池内一些残饵及排泄物集中从排水口排出。为调节水体中的 pH，每隔 15～20 天泼洒生石灰浆一次，每立方水体使用 20 克。

3. 日常管理 养殖期间，坚持每天早晚巡塘，仔细观察黄鳝的吃食、活动、网箱完好等情况，发现问题及时处理；定期冲洗箱壁上的附着物，保持箱内外水体交换，清洗同时检查网箱是否损坏，如发现破损应及时修补。养殖一个时期后，根据鳝鱼大小及时分养于不同网箱中，约 40～50 天分养一次。每隔 15 天换水一次，交换量为 1/3。大水面养殖时，平常应注意清洗网箱上的附着物，以便水体交换。

七、防病治病

在正常情况下，从黄鳝的摄食量、体表、栖息状况以及活动情况都可以判断黄鳝是否发病。网箱养殖黄鳝密度较高，容易生病，而且得病后互相感染严重，用药难以治疗，应以预防为主。预防方法是：每 20 天进行一次水体消毒，喂食后使用。常用药物有鳝病灵、碘制剂、菌必尽等。常见鳝病治疗方法：出血病，用鳝病灵全池泼洒或浸泡黄鳝鱼体 30 分钟，用量为每立方米水体用鳝病灵 1～1.5 毫升。肠炎病，每 100 千克黄鳝每天用大蒜 30 克拌饲投喂，连喂 3～5 天。严禁使用违禁药物如氯霉素、呋喃唑酮等。

八、小结和建议

在鳝种放养时间上需作进一步探讨，力求放早、早开食，可以延长黄鳝网箱养殖时间，提高单产和上市规格。

由于网箱养鳝受到鳝种来源制约，规格相差太大，鳝种规格过小，年底达不到最佳的市场需求规格，须经越冬后第二年再饲养一年才能达到较大的商品规格。建议在养殖中鳝种规格选用 10～20 尾/千克，放养量在 1～2 千克/米^2 较适宜。逐步走自繁自育之路，最大限度地提高单位面积效益。

养殖实例一　洪湖市沙口镇东湾渔场网箱养鳝经验

黄鳝自古以来都在水中的泥土中打洞栖息。近几年人们经过试验探讨，利用网箱放在池塘、河沟、湖泊及稻田等水体中，效果很好，特点是不占地、投资少、劳动强度小、养殖快、效益高。湖北省洪湖市沙口镇东湾渔场，从 1999 年开始，利用网箱养殖黄鳝当年共放养 1 200 口箱 1.8 万米^2，获利 300 万元。现已发展到 3 000 口网箱，近 5 万米^2，每年获利 700 万元左右。养殖方法是：

1. 网箱材料用聚乙烯，四绞三网片或者是无节网片做成长 4 米、宽 3 米、高 1.5 米，或长 5 米、宽 3 米、高 1.5 米，或长 6

米、宽3米、高1.5米的网箱都行。面积12～18米^{2}不等。网箱成本大约在70～80元/口。网箱放置在养鱼的池塘中，也有放置在稻田一边的深沟里，一般是放置在池塘或稻田的进水口处，还有放置在河沟流水中。

2. 网箱系打入水中的木桩上，排列成行，箱与箱之间每横排间隔5～10米，竖排间隔在1米宽以上，网箱入水80～100厘米。新网箱浸泡15～20天后，用生石灰2千克泼洒消毒，待15天药效过后再放鳝苗种，箱内要设置占网箱水面2/3的水花生。

3. 每口箱放养鳝苗种20～30千克，饲料条件和技术较高的养殖户可放到50千克，规格20～60尾/千克。大小规格一定要分开养。以20尾/千克的苗种饲养增重量最大，达3倍以上。鳝苗下水前用3%的食盐水浸泡5～10分钟消毒。

4. 每口箱设置3～4个投饵台，每天投饵两次（9～10时、18～19时）；每次投饵量为鳝种重量的5%～10%。饵料以新鲜动物料（鲜活小鱼虾、蚌肉、家禽内脏等）为主，辅以豆粕、次粉等。

5. 做好防逃、防水质恶化、防病害、防暑防寒、防敌害，勤观察慎管理。

饲养到年底黄鳝增重2～3倍，每口箱收获黄鳝150千克左右，获利2 000～3 000元。

网箱养鳝水质稳定，管理和防病、治病方便，成活率高。加上洪湖地区资源丰富，黄鳝苗种价低，渔民投资少，饲养技术高，见效快、收益好，是一条致富的好途径。

养殖实例二　宜兴市高塍镇高效网箱养鳝经验

2005年江苏省宜兴市高塍镇无公害水产基地承担了高效网箱养鳝技术研究项目，现将高效网箱养鳝技术总结如下。

1. 池塘条件　池塘面积无严格要求，最好控制在6 500米^{2}以内，平均水深1.5米，东西向，光照条件良好，进排水方便，无工业污染影响，管理方便。塘内可进行常规鱼或河蟹养殖。

2. 网箱设置　网箱用聚乙烯网片制成，试验网箱 10 只，分两种规格：3 米×5 米×1.2 米 5 只，4 米×5 米×1.2 米 5 只，总面积 175 米^2。网箱设在池塘中央，分两排排列，箱距 1～1.5 米，平时管理靠小排船或菱盆进行。网箱四周用毛竹固定，露出水面部分 40 厘米，网箱在鳝种入箱前半个月下水，使箱体柔软，以免擦伤鳝种。网箱内移植水花生，面积约占 90%，移植前用 10%漂白粉溶液消毒。

3. 鳝种选购及放养　鳝种购自用鳝笼张捕的黄鳝，要求体色鲜艳，外表无损伤，规格均匀。凡电捕或钩子捕获的鳝种一律不用。7 月上旬放种完毕，入箱前用 3%食盐水消毒 5～10 分钟。放养情况见表 1-6-1。

表 1-6-1　鳝种放养情况

箱号	面积（米^2）	数量（尾）	规格（克/尾）	密度（尾/米^2）
1～5	75	1 275	100	17
6～10	100	7 800	25	78

4. 投饲管理　结合本地的实际情况，确定以蚌肉为主要饲料。喂前先把蚌肉剁成大小适口的碎肉，再用 1%的食盐水消毒，以清除附在河蚌内的蚂蟥，然后再投喂。整个饲养期间共投喂蚌肉 850 千克。同时还利用空闲时间捕捉的野杂鱼 200 千克，作为黄鳝的辅助饲料。这样既满足了黄鳝生长的需要，又降低了生产成本，提高了经济效益。投饲分上、下午两次，日投饲量为黄鳝体重的 3%～5%，根据黄鳝的实际摄食情况作适当调整。

5. 日常管理

（1）*鳝病防治*。平时定期用漂白粉进行池塘消毒和网箱消毒，基本上控制了疾病的发生和蔓延。另外还可以在每只网箱中投放 2～4 只蟾蜍，或在鳝病期间取适量蟾酥溶水定期泼洒，对细菌性鳝病有特效。

（2）网箱管理。主要是勤检查箱体，发现破漏及时修补，同时在网箱四周设部分鳝笼，每天检查，发现鳝笼内有鳝鱼时，要仔细观察网箱是否已破。检查中发现有死鳝或行动迟缓、摄食不强的黄鳝，则及时捞出。由于黄鳝喜静，因此平时尽量不翻动网箱。

（3）水草管理。网箱内移植水草，主要是为黄鳝提供一个栖息的场所，平时黄鳝均钻在水草丛中活动、摄食。造成网箱养殖黄鳝成活率低、产量不高，水草管理不善也是关键原因之一。由于水草枯萎、腐烂，黄鳝的栖息环境恶化，影响了正常的生存和生长，因此日常管理的重点放在水草的管理和培育上。主要措施是治虫施肥，发现水草出现病虫害时，用植物杀虫剂进行灭杀，每月施少量的复合肥一次，以促进水草的生长，保持箱内的水草碧绿长青。

（4）越冬管理。在自然状态下，黄鳝有钻泥越冬的习性，网箱养殖中因“无泥可钻”，黄鳝在冬季容易冻死，为此采取抬高网箱，使箱内水生植物紧贴网箱底部，减少箱底与水生植物之间的空隙，让黄鳝全部钻入浓密的水生植物丛中安全越冬。每只网箱分别抬高 30～40 厘米，未发现黄鳝有冻死现象。

6. 产量　黄鳝收获情况见表 1-6-2。

表 1-6-2　黄鳝收获情况

箱号	成活率（%）	尾数	规格（克/尾）	总产（千克）	单产（千克/米^2）
1～5	94	1 198	225	264	3.52
6～10	88	6 864	52.6	361	3.61

7. 效益分析　黄鳝总产 625 千克，产值 25 000 元，成本 9 495元。其中，鳝种 5 600 元，网箱及毛竹 1 600 元、饲料 1 260元、池塘占用费 500 元、药物和其他支出 535 元。平均每平方米网箱产值 142.86 元，净利 88.6 元。投入产出比 1∶

2.63，净增重倍数 0.95。

第三节　稻田养殖

稻田天然饲料丰富，盛夏时水稻又正好封行遮阴，水体环境符合黄鳝生长需要，充分利用稻田养鳝，是一种种养结合的生产新方式。黄鳝在稻田埂边或丰产沟中钻洞栖息、索饵，可摄食水生昆虫及幼虫，既有利于水稻生长，减少水稻病虫害，提高水稻单产（可增产 10%～15%），又可收获一定数量的黄鳝，增加了稻田的产出率和综合经济效益，是一条发展生态农业、提高农民收益的有效途径。

一、稻田选择与田间工程建设

（一）稻田选择

周边水源方便，水质清新，保证不干涸、不泛滥的稻田田块均可利用，以选择单季粳稻田为佳。面积 1 000～3 000 米^2，水深 10 厘米左右。

（二）田间工程建设

田埂四周用砖砌防逃墙或塑料网片设置双层防逃网，也可用水泥板等材料设置防逃栅，高度 1.2～1.5 米，其中地下 0.3 米，与地面成 90°角。在条件许可的情况下，还可将田埂加宽至 2 米。在埂的外围加 60 厘米的土墙，防逃效果也较好，且造价低廉。进排水口用混凝土砌好，安上不锈钢丝网，以防逃逸。稻田四周和中间均匀开挖鱼沟、鱼溜，一般宽 30 厘米、深 50 厘米。面积占稻田面积的 10%～15%，供投喂、换水及黄鳝活动。

二、鳝种放养

鳝种选择、放养前处理、放养后的驱虫同池塘生态养殖。

秧苗栽插完后即可放养，放养体质健壮、无病无伤的鳝种，规格 15～30 克/尾为好。每 666.7 米^2 放养量为 800～1 500 尾。放养时大小规格分开（可用网片分隔），以免相互残杀。

三、饵料投喂

驯食方法与池塘生态养殖相同。

黄鳝趋肉食性，投喂饲料以蚯蚓、蝇蛆、野杂鱼虾、动物尸体及内脏、螺蚌等为主，饵料品种选择、投喂方法与其他饲养方式相同，投饵量为黄鳝体重的 2%～4%，比其他饲养方式要少。气温低、气压低时少投；天气晴好、气温高时多投，投喂在傍晚进行，以 2～3 小时吃完为宜。可以利用稻田中一部分天然饵料，如在稻田中装 30～40W 黑光灯或日光灯引诱昆虫供黄鳝摄食，也可进行诱蝇育蛆，为黄鳝增添美味佳饵，方法是在丰产沟中每隔 30 米放置一只内装鸡畜粪或下脚的编织袋，可引诱苍蝇产卵育蛆，大量蛆虫沿袋爬近水边或水中，便可供黄鳝食用。在编织袋上方搭一个雨棚防雨，以利提高蝇蛆繁育效果。

四、日常管理

每天必须巡田，检查黄鳝的摄食和生长情况，调整投饵量。经常检查水质情况，如水质太浓时要及时换水，但要防止剧毒农药和污水流入稻田。雷雨天气，应及时检查防逃设施和进出水口，暴雨时，黄鳝能随水柱飞越 1 米多高，更应做好防逃工作。使用网片防逃时，应经常检查是否损坏和老鼠危害，一旦发现，立即修补，避免损失。

水稻防治病虫害时，应选择高效低毒农药。喷药时，喷头向上对准叶面喷施，并采取加高水位或降低水位的办法，用药后立即换水或加深水位，防止农药对黄鳝产生不良影响。

五、捕　捞

黄鳝最佳销售时期是元旦、春节。11 月中上旬可将田水放干，让黄鳝入泥冬眠，田面盖上干稻草防冻。捕捞时人工挖捕，陆续上市。也可在水稻收割前，将达到上市规格的黄鳝起捕后移入室内水泥池中囤养，再适时销售。

养殖实例　黄鳝的稻田养殖

稻田中有丰富的天然饵料，水稻又是很好的遮阴物，水田深度也正好适合黄鳝生长；黄鳝在田中钻洞松土，捕食害虫，既利于水稻生长，又可减少水稻病虫害。一般每 667 米^2 稻田可收黄鳝 100～150 千克，经济效益显著。江苏省水产技术推广站在兴化市进行稻田养殖试验，取得了良好的效果。

1. 稻田整理　选择三口 1 300 米^2 稻田，水源充足，水质清新，无污染，进排水方便。养殖关键是防逃设施的建造。将田埂加宽到 1～1.5 米，在埂壁与田底交接处用油毡薄膜纸铺垫，上压泥土，也有较好的防逃作用。此外，每块稻田沿田埂开一条环沟，在田中心向外纵横各开一条厢沟，沟宽 50 厘米，环沟与厢沟相通，深 25～30 厘米，使每块稻田分成 4 小块。进排水口要用铁丝网拦挡，防鳝顺水逃逸。

2. 鳝种放养　6 月稻田犁田结束后及时放养鳝种，选择无病无伤个体，规格基本一致，以免互相残食。每 667 米^2 稻田放养 2 000 尾鳝种为宜，平均尾重 50 克，放养前用 5%食盐水消毒鳝种 10 分钟。

3. 饵料投喂 喂养黄鳝的主要饲料有小杂鱼、虾、蚌、蚯蚓、蝇蛆、蚕蛹、切碎的畜禽内脏及下脚料，并适当搭配麸皮、饼、豆渣等。在这些饲料中以投喂蚯蚓效果最佳。一般每次投喂量为黄鳝总体重的2%～3%。天阴、闷热、雷雨前后，或水温高于35℃、低于10℃要注意减少投喂量。水温10～35℃最适黄鳝生长，要适当增加投喂量。投饵要设置投饵台，投饵台可浮于沟内某一固定位置上，让鳝进入台内摄食。饵料台可用木框和铝线网或尼龙网制成。

4. 日常管理 根据水稻生长的需要并兼顾黄鳝的生活习性，前期稻田水深保持6～10厘米，至水稻拔节抽穗之前露田（轻微晒田）一次。从拔节抽穗期开始至成熟期，保持水深约15厘米。要注意常更换新水，认真检查黄鳝吃食情况，观察黄鳝生长发育状况。水稻如需要施肥洒农药时，要首先把黄鳝诱至沟内安全水域。此外，要经常检查田埂及进、排水口防逃设施，以免黄鳝逃走。

5. 疾病防治

（1）*细菌性皮肤病*。5～9月为流行季节。病鳝体表有大小不一的红斑，呈点状充血发炎，游动无力，头常伸出水外，病情严重时表皮呈点状溃烂，并向肌肉延伸而死亡。防治方法：①生石灰清田，消灭病原；②保持水质良好，防止污染；③每50千克黄鳝用磺胺噻唑0.5克与饵料掺拌投喂，每天1次，5～7天为一个疗程。

（2）*水霉病*。放养初期，由于操作不慎，黄鳝体表受伤而感染，肉眼可见伤处长霉。防治方法：①立即加注新水；②用小苏打每立方米水体2克全田泼洒。

6. 收获 11月开始起捕，平均亩产黄鳝128.3千克，共收获黄鳝770千克，总收入32 340元，总成本14 400元，其中鳝种4 500元，饲料6 900元，其他3 000元，亩产值5 390元，亩效益2 290元。

第四节　工厂化无土流水养鳝

工厂化无土微流水黄鳝养殖是近年来发展的一种新的集约化养鳝方式。无土流水饲养利用水泥池饲养黄鳝，池中无土，黄鳝不能打洞，而是设置人工洞穴、移植水草、采用微流水。这种养殖方式与常规池塘饲养法相比，确保了水体流动，增加了溶氧，改善了载体的自身净化能力和人为调控的作用，高密度养殖的安全性得到进一步提高；池内覆盖水葫芦、水浮莲等以供黄鳝潜伏和遮阴。这种养殖方式相对于其他养殖方式在一定意义上是一个飞跃。虽然这种养殖方式所提供的养殖环境与黄鳝的自然环境有一定的不同，但合理的池内布局和设计直接改良了养殖黄鳝生存的主要环境因子，因而更趋合理，具有养殖密度大、生长快、成本低、产量高、起捕方便等特点。

工厂化黄鳝人工养殖技术要点有：养殖池为砖石水泥结构，无土，载体为水体；由于日常管理和排污的有效进行，可使用黄鳝专用人工饵料进行强化投喂；载体水交换量大，需大量水源保障供应。水葫芦的覆盖是工厂化养殖的必要环节，但水葫芦不能自然越冬，因此必须同时设置水葫芦保种设备；越冬管理及捕捞均较为方便，适于规模养殖，养殖面积宜在 1 000 米^2 以上，形成规模效益。

一、养殖池条件

工厂化黄鳝人工养殖池条件包括场址选择、养殖池结构、水草移植等要素。

1. 场址选择　依靠水体持续不断地更新来保持养殖环境正常的理化特性，是本技术的最主要特点，也是高密度养殖有效进行的唯一方式，一般每 100 米^2 日需水量要保证 15 米^3，因此工厂化养鳝场址要选择建在水源充沛，进排水方便，水源丰富，水质清新无污染，有机质含量低，水温昼夜差异不大的地方。最好常年有流水，室内室外均可建池。

2. 鳝池结构 用全砖石水泥结构，内壁光滑，四角修成弧形。池底铺设5厘米混凝土，表面水泥抹光（最好用瓷砖贴面），施工应确保不裂纹、不漏水。池壁顶部修成T形，既可防止黄鳝逃逸，又可避免鼠蛇的侵入。每个池5～30米^2，四周池壁高40厘米左右，在池的相对角的位置设3～4厘米的进水孔两个和排水孔2～3个。进水孔与池底等高，排水孔1～2个与池底等高，另1个高出池底4.5厘米，孔口都要装金属网罩防逃。

3. 设置水草 池内投放一定量的水生植物（水葫芦、水浮莲等），覆盖面积约为全池面积的2/3，水草不仅可提供鳝苗潜伏、夏季遮阴降温和冬季保温，同时更具有极强的水质净化作用。

4. 预留投喂场所 鳝池中间留出1米宽空置区，作为投喂饵料场所，同时由于黄鳝在水草下活动，可将污物集中于中间，给排污带来方便。

二、苗种放养

1. 放养前准备 池建好后，将总排水口塞好，灌满水浸泡5～7天以上，然后将水放干，再将底下的一个排水孔塞住，注满池水，移植水葫芦，可另塘培育，也可直接在鳝池中培育，保持水体有一定的肥力，大约1个月，水葫芦繁殖数量即可满足养殖要求。

2. 苗种的选择与处理 养殖的鳝种最好选择人工繁育的鳝种，此类鳝种易驯养、成活率高、苗种纯、病害少，适宜工厂化无土流水养殖。但这类鳝种数量较少，目前黄鳝苗种大部分来自野外捕捉和市场选购。无论哪一类鳝种，放养前均需进行严格挑选，剔除瘦弱、伤残、病鳝，同时进行消毒处理，每立方米水体用硫醚沙星 2 克浸洗 3～5 分钟，防止霉病发生和清除黄鳝体表的寄生虫。

3. 放养密度　鳝种消毒后及时放养，每平方米放 4～5 千克。放养时应注意同一池放养的鳝种规格力求一致，宜一次性放足。避免因规格不整齐引起大吃小的现象。鳝种放养后，保持每个鳝池有少量流水，水深 5～6 厘米。待鳝种摄食正常后，应在鳝池中搭养少量泥鳅，数量占放养量的 3%左右。让泥鳅上下游窜，防止黄鳝在高密度状态下引起相互缠绕，降低黄鳝病害发生率。

放养时间同池塘生态养鳝。

三、投　饵

1. 驯食　驯食与池塘养鳝相同。

2. 投饲　投饵要坚持“四定”、“四看”原则，投饵方法与池塘养鳝相同。

四、日常管理

1. 水质管理　当载体自身净化能力不能有效抑制养殖水体的恶化时，通过人为措施调控养殖水体的水质，保持水质清新。水质调控主要通过微流水和彻底换水两种方式结合来实现。

(1) 保持微流水。微流水的流量（5～30 米^2 养殖池）应控制在每小时 0.01～0.1 米^3，早春及晚秋保持下限，高温季节取上限。水源方便或建有蓄水池时，可 24 小时持续进行。水源不便或无蓄水池时，可在投喂前后 4 小时集中进行，流量可适当增加到每小时 0.4 米^3。

(2) 换水。彻底换水对黄鳝养殖极为重要。一般每3～5天彻底换水一次，高温季节取下限，其他季节取上限。如果没有微流水配套，应2～3天彻底换水一次。换水宜在上午进行。当水彻底排干后，用扫帚将集中于中间空置区的排泄物、食物残渣等扫至水口排掉，同时将繁殖过密的水葫芦清除一部分，清除水葫芦时注意将潜伏根系中的黄鳝清出。

2. 排污 排污作为水质管理的必要环节，可以彻底减少水质恶化的污染源，同时也可降低载体的有机负荷，生产中结合换水进行排污。

3. 巡塘 每天进行巡池，巡池的内容有防止老鼠及蛇类侵入；及时清理死亡和体质衰竭的鳝苗；保持进、排水系统的畅通；雨季尤其是暴雨季节严防溢池事故发生。

4. 及时分池 饲养一段时间后，同一池的鳝鱼如果出现大小不匀时，生长相差悬殊，要及时将大鳝分开饲养，防止大吃小现象发生。一般40～50天分池一次。

5. 高温管理 采取有效的降温措施，使载体温度稳定在适宜的范围内，保障黄鳝的正常摄食和快速生长。主要是通过加强水质管理及排污的力度、提高水葫芦的覆盖密度等措施，以降低载体的温度。确保养殖水体水温不超过30℃，必要时可以通过加强进水、加盖遮阳网以降低水温。

6. 越冬管理 逐渐降低水质管理及排污的频率，停食后可停止排污；冬季来临之前，维持水葫芦的覆盖密度，必要时增加一些草类覆盖，以达到保温的目的。排污采取人为措施，切断和消除载体的污染源。

养殖实例 黄鳝无土流水养殖法

黄鳝无土流水养殖与常规的静水有土养殖相比，具有生长快、成本低、产量高、起捕方便等优点。2003年江苏省宿迁市水产科技示范园开展黄鳝无土流水养殖试验。现将养殖技术要点介绍如下。

1. 鳝池建造　选择有常年流水的地方建池（有温流水的地方则更好），用水泥砖砌，每池面积12米^2，共20个池，池壁四周高0.4米左右；在相对部位设3～4厘米的进水孔一个和排水孔两个，进水孔与底面等高，排水孔一个与池底等高，另一个高出池底4～5厘米，孔口都要装金属网罩防逃。进、排水渠宽度依据池的大小设定，一般为20厘米，进排水分开，设总进水口与总排水口。

2. 放养密度　池建成后，将总排水口塞住，灌满水浸泡5～7天以上，然后将水放干，再将底下的一个排水孔塞住，保持每个水池有4～5厘米深的流水。2003年4月从当地收购平均50克/尾的鳝种，鳝种放养前用3%～4%食盐水浸洗3～5分钟，防止水霉病和清除鳝鱼体表的寄生虫。鳝种消毒后要及时放养，每平方米放养种苗4千克，同一池的鳝种应大小一致，避免大的残食小的。

3. 科学投饵　鳝种刚放时不肯采食人工投喂的饵料，需进行驯饲。驯饲的方法是：鳝种放养后2～3天白天不投饵，于晚上进行引食。引食饵料可用蚯蚓、蚌肉、螺肉等，将饵料切碎，分成几个小堆放在进水口一边，并适当加大流水量。第一次的投饵量为鳝种总量的1%～2%，以后逐渐增加到鳝鱼体重的3%～5%。如果当天投喂饵料未能吃完，要及时捞出残饵，第二天不宜增加投饵量，等到吃食正常后，可在引食饵料中加入蚕蛹、蝇蛆、煮熟的动物内脏和血粉、鱼粉、豆饼、菜饼、麸皮、米糠、瓜皮等饲喂，第一次可添加1/5，同时减少1/5的引食饵料，待吃食正常后可每天增加1/5。5天后就可改用粉状配合饲料。

4. 饲养管理　保证水流畅通，防止鼠、蛇、寄生虫危害，饲养一段时间后，同池鳝鱼出现大小不匀时，每个月分池一次，以利生长一致，防止大吃小的现象。

5. 病害防治

（1）细菌性皮肤病。5～9 月为流行期病鳝体表出现大小不一的红斑，呈点状充血发炎，腹部两侧尤为明显，且游动无力，头常伸出水面；病情严重时，表皮呈点状溃烂，并向肌肉延伸而死亡。此时，应及时更换田水并用生石灰清田消毒。对已发病的黄鳝，可按每 50 千克黄鳝用磺胺噻唑 0.5 克与饵料掺拌投喂，每天一次，5～7 天为一个疗程。

（2）水霉病。多因黄鳝体表受伤后感染所致，肉眼可见病鳝伤处长霉丝。此时，应立即加注新水，并按每立方米水体用碳酸氢钠（小苏打）粉 20 克加水溶解后全池泼洒。

（3）发热病。多因黄鳝饲养密度过大，鳝体表面分泌的黏液在水中积聚发酵，导致水温急剧上升而引起。此时黄鳝相互缠绕，极易造成大量死亡，防治方法是：①在池内混养少量泥鳅，通过泥鳅上下窜游阻止黄鳝缠绕；②立即更换用水；③每平方米水面泼洒 50 毫升 7%的硫酸铜水溶液。

（4）锥体虫病。该病 6～8 月为流行期。病鳝大多呈贫血状，鳝体消瘦，生长不良。防治方法是：①用生石灰清田，清除锥体虫的中间宿主蚂蟥（水蛭）；②用 2%～3%的食盐水或 0.7 毫克/千克硫酸铜、硫酸亚铁合剂，浸洗病鳝 10 分钟左右，均有疗效。

6. 结果 2003 年 11 月开始收获，黄鳝总产 2 467.2 千克，产值 108 560 元，成本 45 000 元，其中鳝种 13 000 元，饲料 16 000元，水电费 2 000 元，人工 10 000 元，药物和其他支出 3 000元。净利润53 560元，平均每平方米产值 452 元，净利 223 元。投入产出比 1∶2.41，净增重倍数 1.57。

第五节 流水鳝蚓合养

鳝蚓合养是在无土流水饲养法的基础上，把流水饲养黄鳝和培育黄鳝的饵料（蚯蚓）结合起来，既解决了饲养黄鳝中的饵料问题，又解决了水质的问题，是综合养殖的一种典型，优点是综合利用、操作简单、产量高、成本低，值得推广。

一、建　池

选址条件同无土流水饲养池，建池面积应根据计划养鳝产量和蚯蚓培育产量进行设计。池子用预制块或砖石砌成，半地下式，深 80 厘米，地下部分 30 厘米，地上部分 50 厘米，整个池形呈“Ⅲ”形渠道状。宽 30～40 厘米，进水端设一进水口，直径 5～10 厘米，排水端设两个排水口，下排水口与池底等高，上排水口距池底 5～10 厘米，进、排水口都用塑料网或铁丝网缚牢，池中放部分水生植物供黄鳝栖居。各平行渠道间相距 1.5 米，围成“n”字形，在其中填满松软且富含有机质的壤土与碎树叶混合物，制成土畦，作为养蚓池。

二、养蚯蚓

土畦堆好后，每平方米放大平二号蚯蚓种 2～3 千克，并在畦面上铺厚 4～5 厘米的发酵牛粪、猪粪、甘蔗渣等，保持湿润。每隔 3～5 天，将被吃过的粪渣刮去换上新的，约半月后，蚯蚓会大量繁殖，可分批挖出喂给黄鳝。

三、鳝种放养

池中蓄水 10～15 厘米。蚯蚓放种 10 天后，在池中放入鳝种，30～50 克的幼鳝，每平方米放 4～5 千克，大小一致，年底可达上市规格。在放养鳝种的同时每平方米放养 10 尾泥鳅，防止黄鳝相互缠绕，减少疾病发生。

四、饲养管理

鳝蚓合养法管理简单，主要有以下内容：

1. 挖蚓喂鳝 每日在土畦中挖出蚯蚓，经清洗、消毒后，丢入鳝池，投喂量依据吃食量定，每日占黄鳝总重的4%～8%，吃得多则多投，吃得少则少喂。

2. 保持水质 在整个饲养过程中，保持池中有微水流，隔7～10天排污一次，保持水质良好。

3. 防害防逃 畜禽等进场前应进行消毒处理，建池时在池外围应设置屏障，预防敌害生物的危害，雨天防止黄鳝和蚯蚓外逃。

第六节 庭院养鳝法

黄鳝耐低氧，养殖密度大，可利用农家房前宅后进行庭院式养殖。这种养殖方式不受规模限制，投资少，见效快，收益大。

一、庭院养鳝池的建造

饲养池应选在避风向阳、靠近水源的地方。可在房前屋后的土坑、水沟及田边等处，便于饲养管理。也可在设计花园式住宅时同时设计龟鳝养殖池，鳝池可建成地上池或半地下池。面积10～100米^2，池深1～1.5米，长方形、正方形或椭圆形。池的一端安装进水管，相对一端安装排水管。为了防止黄鳝外逃，池壁顶部要用砖块做成Γ形，进排水管也必须用铁丝网封闭，严防黄鳝外逃。将鳝池清整消毒后，在其底部铺一层30厘米厚、软硬合适、含有机质较多的河泥或用青草、牛粪沤制的土壤，为其创造一个舒适的人工巢穴。加注新水5～15厘米。最后在池面上栽种水生植物，如茭白、水浮莲、水花生等，面积不要超过50%。这样既可为黄鳝遮阴，又可降低水温，利于黄鳝生长。

二、黄鳝苗种来源和放养

1. 苗种来源　目前饲养黄鳝的苗种来源主要有两个途径。与前面介绍的大致相同。

2. 苗种放养　养鳝池消毒注水后，待水温上升到15℃以上时即可投放鳝种。放养前，应先将鳝种用10毫克/升的漂白粉或3%～5%的食盐水浸洗15～20分钟，杀灭体表病原体。每千克30～40尾的鳝种，每平方米放养50～150尾或2～4千克。同时，每平方米可配养8～10尾泥鳅，利于饲料充分利用和改善水体环境。

放养后驱虫处理同池塘生态养殖。

3. 饲养管理

(1) 黄鳝饲料的种类。黄鳝是以肉食为主的杂食性鱼类，特别喜欢吃鲜活饲料，如小鱼虾、蚯蚓、蝇蛆、昆虫、螺蚌肉、蚕蛹、禽畜肉脏等，也可投喂些植物性饲料，如米糠、麦麸、豆渣、瓜果等，也可投喂配合饲料。

(2) 投饲技术。

驯食：驯食方法与池塘生态养殖相同。

投喂：驯食完成后，可以正常投喂。黄鳝在15℃以上时开始摄食，25～30℃时摄食旺盛。5～9月为摄食盛期，应抓紧在生长季节加强投喂，一般投饲量为鱼体重的3%～5%。6～8月生长旺季，投饲量可增加到6%～7%。每天投饲1～2次，应做到定时、定量、定点投喂。投饲方法可采用饲料台定点投喂。饲料不能投放过多，以当天能吃完为准，否则浪费饲料且败坏水质。水温降到15℃以下时，可少喂或不喂。

(3) 水质调节。黄鳝喜欢生活在水质清新、溶氧充足的水体中，低氧条件下其生长发育将受到严重影响。特别是在高温低气压的夏天很容易发生缺氧现象。当发现黄鳝经常将头部伸出洞外，摄食量减少，即表示水中缺氧，应及时更换池水。一般春秋季 6～8 天换水一次，夏季 2～3 天换水一次。如长期有微流水注入较为理想。同时，应每天清除池中残饵和杂物，始终保持水质清新。鱼池水位必须长期控制在 5～15 厘米，不能超过 20 厘米。

（4）日常管理。放苗后每天早晚坚持巡池，观察黄鳝的生长、摄食和活动情况，严密监视水质变化，发现病、死鳝苗及时捞出隔离，诊断病因。及时清除残饵，以免腐烂败坏水质，定期清洗食台。黄鳝易逃，经常检查进、排水口和溢水口的拦网，发现损坏及时修补。庭院养鳝的敌害主要有老鼠、猪、鸭等动物。老鼠可在池边用药物毒杀，或放置鼠夹捕灭，也可驱赶。猪、鸭等家畜禽应严加看管，不让其进入鳝池，也可在池边四周设拦网或竹栅阻拦。

养殖实例　黄鳝的庭院养殖试验

江苏靖江市马桥镇养殖示范户陈先生 2006 年 5 月投资 5 000 元，在后院养殖黄鳝，每平方米收获黄鳝 10.5 千克，纯利 7 500 元。主要技术要点如下。

（一）设施建设

1. 选址　选择自家屋后空地建 20 口 2 米^2 的鳝池，利用河水作养殖水源。

2. 鳝池建造　墙壁用单砖砌成，每口鳝池面积 2 米^2（长 2 米、宽 1 米），共建 20 口池，40 米^2，墙内外及底面用水泥抹面，墙高 50 厘米，墙顶上部做成 Γ 形，起防逃作用。墙上距池底 30 厘米处装直径 10 厘米的塑橡胶管溢水，池底通向排水口有一定的斜度，以能排干池内水为标准，排水口与总排水沟相通，溢水口和排水口用铁丝做防逃网罩，不用时用木塞塞紧。

3. 蓄水池　用红砖建造 3 米^3 蓄水池一个，墙内外的平角处、池底全部水泥抹面。池底装好出水管，同时，池底面要有一定的斜度，经常定时清洗排污口。出水口和排污口均用阀门控制，要求蓄水池不渗漏水，保证供水安全。蓄水池底平面应比养殖池底平面高 20 厘米以上。

（二）养殖技术要点

1. 鳝池准备　鳝池建好后，先放满水，浸泡 10 天后排干，再用 20 毫克/千克浓度的生石灰水对池口和环境进行消毒。放苗前一个月，将池水加至 20 厘米，放苗前一周，在池内周边放置一些经清洗和消毒后的水花生，池中心留下空水处作黄鳝的摄食场所。同时，每口池内放养 1 只蟾蜍和几条泥鳅。

2. 放苗　一般在 4 月 10 日开始收购鳝苗。鳝苗选用笼捕无外伤的为最佳。要求体质健壮、游动活泼、规格整齐，每千克 30 条左右。规格差异大的要分池放养。放养前用 3%浓度的盐水将鳝苗浸洗 5 分钟左右，放养量以每平方米 5 千克为宜，确保当年出售规格达 150 克以上。

3. 投饵　水温达 18℃以上时，黄鳝就开口摄食，但池内放养的鳝苗在开始的几天内食欲很差，一般不主动摄食。自第 4 天起就可以驯化其摄食，开始以活蚯蚓诱其开口或以新鲜的蚌肉切成 4 厘米×1 厘米×1 厘米的长条驯饵。几天后可投喂人工配合饵料。配以适量的麦粉，添加鱼粉，通过绞肉机制成条形饵料，凉成半干后投喂。每天傍晚投喂一次，投喂量以池内鳝鱼总重量的 3%～5%计算。一般放在池中空水处，既便于观察摄食情况，又利于清除残饵。

4. 日常管理　每天早晚坚持巡池，发现病、死鳝苗及时捞出隔离，并诊断病因。严密监视水质变化，一般季节 3～5 天换水一次，高温季节每天换水一次，换水一般上午进行。水温超过 28℃时，用布料搭棚遮阳，可起到明显降温作用。

5. 防病　坚持以防为主、防治结合的原则。黄鳝主要凭嗅觉寻找食物，其嗅觉相当发达，对含有药物的异味很敏感，食物中有异味，其摄食量明显减少，甚至拒食。所以，不能像养殖其他鱼类那样经常用药物预防鳝病，而只能采取生态防病措施，如在池中养殖蟾蜍和泥鳅。少用或不用药物。

（三）收获

2005 年 11 月 20 日起捕收获黄鳝，共收获黄鳝 420 千克，每平方米收获黄鳝 10.5 千克，纯利 7 500 元。

第七章

病害防治

黄鳝抗病力强，在自然状态下染病机会极少，人工养殖过程中也很少患病，但随着规模化、集约化程度的提高，疾病的发生与危害日趋严重，一定程度上制约了养鳝生产的发展。实行无公害黄鳝养殖，是新时期水产养殖业可持续发展的要求，黄鳝的疾病防治是养殖过程中的重要工作。

第一节　发病原因

目前，黄鳝养殖形式多样，发病原因各异，且网箱、水泥池养殖发病率相对较高，损失亦大，稻田、洼塘养殖发病率低。总体而言，主要有以下几个方面的原因。

一、条件不适宜

黄鳝养殖起步较晚，基础研究比较薄弱，相当一部分养殖者对黄鳝的生态习性了解不多，因此，在规划、设计和建池时考虑黄鳝养殖生态的特殊要求甚少。如选址不当，取用水源水质不好，灌排系统不畅，或没有独立的进排水道，生产中容易造成一池发病多池感染；再如人工养殖条件下，不少单位和个人设计的水泥池、砖池、网箱定标水位太深或太浅。太深时，黄鳝上下活动频繁，体能消耗过大，体表黏液分泌失调，易感染发病，同时也不利于黄鳝呼吸、生长；保水深度太浅时，尤其是夏季易造成水表面温度长时间偏高，导致黄鳝摄食量下降甚至死亡，秋季易造成温差过大而扰乱了黄鳝的正常生理机能，降低免疫力，常导致黄鳝“感冒”或大批暴病死亡；网箱养殖时，网箱中培植的水草过少，或根本没有水草，不利于黄鳝穴（隐）居和调控水温，亦是导致黄鳝养殖失败的原因之一。

二、消毒不彻底或未消毒

黄鳝养殖生产中的消毒应包括鳝种、水体和饵料的消毒等。

1. 鳝种消毒 无论是自繁鳝种，还是从市场上购买来的鳝种均可能带有致病菌、寄生虫、病毒等。即使是健壮的鳝种也难免有一些病原体寄生，一旦条件适宜，便大量繁殖而引起发病，所以，放养前必须进行严格消毒。在市场上购买的鳝种常有钩钓的、体表明显伤残或体质消瘦的，最好在买时就予以剔除。

2. 养殖水体的消毒，包括放养前的消毒和日常消毒 放养前水体消毒对于养殖新区、老区均不例外，尤其是养殖多年的鳝池（或水域），放养前没有消毒或消毒不彻底，是导致黄鳝发病的一个原因。随着集约化养殖水平的提高，在高密度养鳝池中，大量黄鳝的排泄物和死鳝尸体的分解，导致有害微生物和病害中间宿主的繁衍，如平时不经常调节水质和消毒，则会造成自身污染的恶果。

3. 饵料消毒 投喂新鲜（或冷藏保鲜的）动物性饵料时，未经消毒处理而直接投喂，这增加了有害生物对黄鳝危害的机会。食场（或）投喂点内常有残余饵料，如不及时清除，其变质腐败后为病原体的繁殖提供了有利条件，在水温高、吃食旺季、疾病流行季节最易发生这种情况。

三、密度过高，规格不一

首先是鳝种运输密度过高，装运时间过长，装运途中鳝种群体集中挤压，如不能适时处理，黄鳝体表的黏液聚积发酵，使容器中的水温急速上升，鳝体体表黏液的防御功能遭到破坏，有害致病菌急速感染，往往造成黄鳝入池后数天内大批死亡，有的死亡率高达100%；其次是饲养密度过高使黄鳝长时间处在应激状态之下，黄鳝分泌黏液的速度加快。若不及时换水或换水有死角时，同样会引发黄鳝生病死亡；第三，目前养鳝生产中，不仅放养鳝种密度很高，且鳝种来源不一，大小悬殊，很容易引起互相咬伤而引起细菌或霉菌感染。

四、投饵不当

投饵过多、不足或突然改变饵料品种，均会导致鳝病发生。特别是劣质饵料或是新鲜动物饵料投喂过量，易使水质恶化，促使有害病菌大量繁殖；投饵不足时，黄鳝经常处于饥饿状态，黄鳝虽极耐饥饿，完全由饥饿产生死亡的情况很少，但容易导致互相残食，引起外伤，从而降低抗病能力；黄鳝食性特别，以最开始投喂的饵料为理想食品，习惯投喂后，如突然改变饵料品种，将导致黄鳝吃食很少或不吃食，单一饵料投喂亦不能满足黄鳝的营养、生长需要，容易引起某种营养成分缺乏，导致黄鳝抗病力下降，消瘦乏力，游动缓慢，常常滞留洞外，严重时更能引起生病或衰竭而死。

五、有害物质的进入

不注意环境保护，工厂中有毒废水、农田中的农药、生活污水大量流入养殖水体及防治鳝病过量的用药等，均会引起黄鳝中毒、畸变，甚至不明原因地大批死亡。新建水泥池脱碱处理不完全，消毒时过量用药或时间过长，稻田防治病害用药无选择或方法不当，均易引起中毒或引起富集而影响黄鳝的商品质量。

还有，在捕捉或运输过程中，鳝体发生损伤，或受到过钩钓伤害，导致病菌的侵袭而发生疾病；由于换水或天气原因造成养殖水体的水温变化太大，黄鳝因不适应强烈的变化而产生应激，导致病害发生。

第二节 鳝病防治

一、黄鳝疾病的预防与控制

维持黄鳝良好的健康状况，对黄鳝养殖是十分重要的。不健康养殖管理是造成生长缓慢、饲料效率差、产量低、疾病增多和死亡的主要因素。黄鳝健康管理要服从的前提是避免黄鳝应激。良好的管理是避免一切健康问题的关键。

1. 选择良好的鱼类种群 遗传组成差或健康和体质状况差的鱼类将会生长缓慢、饲料转换效率差，其总的生产性能始终不如选择质量好的鱼群，因此应选择深黄大斑鳝和浅黄细斑鳝作为鳝种，选择活力好、规格整齐，无病、无伤的鳝种。

2. 小心操作，避免应激 在捕捞、蓄养、运输、放养和取样等活动时，操作要特别仔细，避免鳝体产生应激。不适当的操作是最严重、最普通的应激因子，往往会引起鱼类的生产性能低下、患病和死亡。仔细操作指南如下：①在每次对鱼进行操作时逐项验明化学、物理学和生物学的应激因子，并使它们的影响降低至最小的程度；②尤其要有意识地避免最常见的应激因子，例如：除非绝对有必要，决不要将鱼提离出水；不要让鱼离水超过绝对必要的时间；不要在鱼离水后在网中或各种容器（如篮子）

内堆积成几层；进行换水时每次不能改变水温 3.5℃以上，也不要在较长一段时间内，每小时改变水温 2℃左右。

3. 使用高质量的配合饲料　恰当的营养不仅对鱼类良好的生长、提高饲料效率很重要，而且对鱼类的健康也非常重要。高质量的饲料能预防鱼类的营养性疾病，提高鱼体的免疫能力，对预防病原体和其他与疾病有关的应激也很重要。饲料质量方面的指南包括：①采用正规饲料厂制造的沉性或粉料。②只采用营养全面的饲料，蛋白质含量 35%～45%、脂肪含量 5%～8%（取决于鱼体大小），完全平衡的氨基酸组成；在饲料中补充维生素和矿物质添加剂，还应强化添加维生素 C 和磷质。③采用制成的新鲜饲料，避免饲料贮藏期超过 4～6 周。④不投喂发霉、变质或降级的饲料。

4. 尽可能不使用化学药品　除非绝对有必要治疗某些已经确定的病原体和害虫，决不要对鱼类或它们所在的环境中施用药物和化学药品。用 2%～3%食盐溶液预防体表疾病属于一个例外。因为使用药物防治鱼病的同时，药物同样也会对养殖对象和环境产生不利的影响。

5. 做好消毒工作

（1）鳝种消毒。鳝种下塘放养之前要进行鳝体消毒。方法是用 20 毫克/升的高锰酸钾溶液浸洗鳝种 10～15 分钟，也可用 3%～4%的食盐水浸洗 3～5 分钟。注意换水温度差小于 3℃。

（2）饵料消毒。病原体往往由被污染的饲料夹带进入养鳝池，因此投喂的饲料必须是清洁、新鲜的，最好经过消毒处理。动物下脚料要煮熟，有些饲料要用高锰酸钾或漂白粉消毒，消毒后经清水漂洗后再投喂。

（3）工具消毒。养鳝用的工具容易被病菌污染，极易传播疾病。因此，所用的工具一定要进行消毒（用 10 毫克/升的高锰酸钾溶液浸泡 30 分钟）。发病池所有的用具都应单独使用，或经严格消毒后再使用。

二、常见细菌及真菌性疾病的防治

黄鳝发病以后，病鳝一般没有食欲，药饵难以被病鳝服用，在养殖水体中泼洒药物疗效也并非显著。减少鳝病发生和提高养鳝产量，必须重视养鳝生产的全过程，预防为主，综合治疗，才能达到预期的防治效果。

近年，黄鳝养殖规模不断扩大，饲养密度不断增加，水体环境的变化不仅给水体中的细菌、真菌等提供了良好的繁衍条件，而且大大降低了黄鳝的代谢机能和免疫功能。常见的细菌及真菌性疾病有以下几种。

（一）赤皮病

赤皮病又叫赤皮瘟、擦皮瘟，鳝体体表（完整）无损时，病原体难以侵入鳝的皮肤；只有当鳝因捕捞、运输、放养时，鳝体受严重挤压或机械损伤，或体表被寄生虫寄生而受损时，病原菌容易乘虚而入，引起发病。

症状：病鳝体表局部出血、发炎、黏液变色，尤其腹部和两侧最明显，呈块状病灶，严重时，可腐烂至骨，病鳝身体瘦弱，不吃食，春末夏初较为常见。

1. 预防措施

①捕捞和运输种苗时，操作要细心，尽量减少鳝苗的受伤程度。

②放养前剔除明显受伤的鳝种。

③用5～10毫克/升浓度漂白粉浸泡鳝体10～20分钟。

④发病季节用漂白粉或二氧化氯全池泼洒，使水体分别成1毫克/升、0.3毫克/升浓度，每半月一次。

2. 治疗方法

①全池遍洒漂白粉或二氧化氯，使水体分别呈1.2毫克/升、

0.5毫克/升的浓度，隔天一次，连续两次。

②把病鳝放入2.5%的食盐水内浸洗10～20分钟。

③全池遍洒明矾，使水体成0.05毫克/升的浓度。

④用恩诺沙星拌料投喂，按池内鳝体总重计算，第一天每50千克鳝用药8克，第二天用药量减半，加工药饵时应添加适量的面粉糊、鲜蚯蚓浆或小鱼泥、煮螺（蚌）肉的汤等制成软颗粒投喂疗效更好。

（二）腐皮病

当水质恶化，黄鳝抗病力下降时，一些水生细菌便乘虚而入，易引发腐皮病，此病在养鳝生产中最为常见。

症状：黄鳝发病初期，游动无力，头整天伸出水面，体表黏液变色，失去光泽。将病鳝捞出观察，体表由许多圆形或椭圆形大小不一的红斑，点状充血、发炎，以腹部两侧尤为明显。有的腹部还会出现蚕豆大小的紫斑，病情严重时，表皮呈点状溃烂，大量炎症细胞浸润，溃烂向肌肉延伸，形成不规则的小洞，往往殃及骨骼和内脏而死亡。5～9月最为流行，可导致黄鳝成批死亡。

1. 预防措施

①生石灰清池（或养殖水体），栽植的水草亦应同时消毒，消灭病原体。

②保持水质良好，防止污染。

③放养的鳝种用3%～4%的盐水浸洗10～15分钟，然后放入清水中暂养1小时，再经清水洗一遍后，即可放入池（箱）中。

④在流行季节，每立方米水体用“杀菌红”全池泼洒，使池水呈0.2毫克/升浓度；或用漂白粉1克全池泼洒，交替使用，每半月1次。

2. 治疗方法

①用“杀菌红”全池泼洒，使池水呈 0.3～0.5 毫克/升浓度；全池泼洒 2～3 次，每隔一天一次。同时每 50 千克黄鳝用三黄粉 8 克与饲料拌匀（同时加入蚯蚓、小鱼浆）投喂，每天一次，3～7 天为一个疗程。

②用兽用青霉素＋链霉素全池泼洒，使水体成 40 毫克/升浓度。

③每立方米水体用链霉素 400 万单位＋土霉素 40 万单位浸洗病鳝 2～3 次。

④用二溴海因 0.4 毫克/升浓度全池泼洒 2～3 次，每天一次，同时每 50 千克黄鳝用螺旋霉素 5 克拌制药饵，待药饵晾干后投喂，连喂 5 天为一疗程，效果明显。

（三）烂尾病

此病是由产气单胞菌中的一种细菌引起的，在高密度养殖或运输途中容易发生，致使黄鳝伤残或死亡。

症状：病鳝反应迟钝，头伸出水面，尾部发炎充血，继而肌肉腐烂坏死，严重时尾柄或尾部肌肉烂掉，尾脊椎骨外露，病鳝死亡率较高。

1. 预防措施

①运输过程中，尽量防止机械损伤或人为损伤。

②放养密度不宜过大。

③注意改善水质和环境卫生条件，降低细菌繁殖指数，减少此病的发生和危害。

④定期用溴氯海因全池泼洒，使水体成 0.3 毫克/升浓度。

⑤每 50 千克黄鳝用恩诺沙星 8 克拌饵投喂，连喂 2～3 天。

2. 治疗方法

①用杀菌红全池泼洒，使水体成 0.2～0.3 毫克/升浓度，每天一次，连续 2～3 次。

②用每立方米水体金霉素 25 万单位溶液浸洗病鳝两次，有

一定疗效。

（四）肠炎病

又叫烂肠瘟，不同养殖方式、不同规格的黄鳝均有可能发生此病，发病原因一是投喂了变质饵料；二是未经处理的新鲜动物饲料直接投喂；三是饵料投喂过量，部分剩余腐烂的饵料没有及时清除；四是天气突然变化，温差过大等因素均易引发细菌性肠炎，死亡率亦高。

症状：病鳝头部特别黑，无光泽，腹部出现红斑，肛门红肿，轻者行动缓慢，停止摄食，剖开鳝腹和肠管，肉眼可见肠壁充血、发炎，肠腔内没有食物，局部有血和很多淡黄色黏液；重者口腔有泡沫黏液、出血，腹部发紫，很快死亡。发病季节主要在 4～9 月。

1. 预防措施

①养殖池（或水体）均应彻底清理消毒。

②加强饲养管理，掌握好投饵的质和量，及时捞去残饵，定期加注新水。

③鲜活饵料清洗消毒后投喂。

④发病季节，每周用漂白粉进行食场消毒一次，使池水成 1 毫克/升浓度；每月投喂药饵 1～2 次，每 50 千克鳝每天用大蒜素 1 克或干穿心莲粉 1 000 克拌饵投喂，连喂 3 天。

2. 治疗方法

因鳝体内外及养殖水体中均有病原菌，所以需要内服外用综合治疗。

①每 50 千克鳝用大蒜素 2.5 克加碘盐 100 克拌饵投喂，连喂 3～6 天，同时用漂白粉消毒，使水体成 1 毫克/升的浓度，连用 3 天。

②每 50 千克鳝用穿心莲 2 克加碘盐 100 克拌饵投喂，连喂 3～6 天，同时用二氧化氯消毒 1～2 次，使水体成 0.4 毫克/升

浓度。

（五）打印病

打印病又叫梅花斑状病。此病病因不明，在长江流域，一般夏秋季易发此病。

症状：黄鳝发病初期于伤口处或肛门附近出现小红斑，继而扩大。病灶处发红、溃疡、出血，黄鳝无法钻入洞穴或隐藏于水草中，不久即漂浮水面而死。

1. 预防措施

①放养前用药物清塘（或水体）消毒。

②饲养过程中注意减少人为或敌害损伤。

③发病季节定期用浓度为 0.7 毫克/升的硫酸铜溶液全池泼洒，杀虫灭菌，减少病原体侵袭感染的可能。用药后适时换水。

④经常在鳝池（箱）内放几只蟾蜍，利用其身上所分泌的毒汁，可有效杀死梅花斑病菌。

2. 防治方法

①用碘制剂全池泼洒，使水体呈 0.3～0.5 毫克/升的浓度，隔天一次，连续泼 3 次。

②用五倍子研碎，放入开水中浸泡 3～5 小时，然后去渣全池泼洒，使池水呈 6 毫克/升的浓度，隔天一次，连用两次。

③每 25～30 $米^2$ 用 1～2 只蟾蜍，从其头部剥去皮，用绳子扣住，在池（箱）内来回拖转，使蟾蜍分泌的蟾酥散发池内，连续 3 天 3 次，有一定的疗效。

（六）出血病

又称败血病，由嗜水气单胞菌引起，在高密度饲养环境下，该病传染快，死亡率高。发病季节 5～9 月。

症状：病鳝不再隐藏于洞穴或水草中，而是呈现出不安状态，在水中上下窜动，不停地打转、挣扎。不久则无力游动，横卧于水草之上或池边浅水处，1～2 天后死亡。解剖观察发现病鳝体表有出血斑，斑块形状不规则。大小不一，整个体表以腹部出血最为明显，两侧次之。内脏（肝、脾、肾）肿大、充血，有的病鳝有腹水，肠黏膜点状充血，肠内无食有黄色黏液。

1. 预防措施

①彻底清塘、消毒。

②提倡有选择地补充亲体，避免近亲繁殖，自己培育健壮鳝种为主。

③加强饲养管理，经常加注新水，保持水质良好，提高鳝体抗病力。

④定期用氯制剂进行水体消毒。每月抽样检查 1～2 次，发现寄生虫应及时杀灭。

⑤坚持每天巡查，发现病鳝、死鳝及时捞出处理，控制病情蔓延或恶化。

2. 治疗方法

①用二溴海因配制药液泼洒，使水体呈 0.5 毫克/升的浓度；连用两次，两天后换水。

②每 100 千克水用金霉素 2.5 万单位配制药液浸洗病鳝，每天一次，连续两次。

③用聚维酮碘配液泼洒，使池水呈 0.3 毫克/升的浓度，连用两次，隔天一次。

④用青霉素＋链霉素（1：1）配液，全池泼洒，使池水呈 40 毫克/升的浓度，或用三氯异氰尿酸钠泼洒，使池水呈 0.5 毫克/升浓度。

（七）水霉病

又叫肤霉病。对鳝的幼体、成体及卵均有危害。一般由外伤引起，伤口被霉菌感染所致。

症状：发病早期，肉眼看不出有什么异状，当肉眼能看出时，菌丝不仅已从伤口侵入，且已向外长出外菌丝，并迅速繁殖生长，俗称“生毛”，灰白色棉絮状。病鳝食欲不振，最后消瘦死亡。

1. 预防措施

①黄鳝入池（箱）前，水体先用生石灰消毒，使水体呈 200 毫克/升的浓度。

②加强运输、管理操作，尽量减少鳝体受伤。

③鳝种入池（箱）前，用 2%～3%的食盐水浸洗 10～15 分钟。

④网箱养殖时，应控制一定的放养密度和分规格饲养，饲养过程中，饵料投喂必须掌握质好量足，避免黄鳝相互残食，造成体表创伤而感染霉菌。

⑤定期进行水体杀虫和清除敌害。

2. 治疗方法

①用食盐和小苏打合剂（1∶1）化水全池（箱）泼洒，使水体成千分之一的浓度。

②遍洒五倍子浸泡液，使水体成 10 毫克/升的浓度，隔两天再泼一次。

③用碘制剂全地泼洒，使池水成 0.3～0.5 毫克/升浓度。或全池泼洒水霉净使池水成 0.3 毫克/升的浓度。

④用硫醚沙星全地泼洒，使池水成 0.2～0.3 毫克/升浓度，效果较好。

三、寄生虫病的预防及治疗

危害黄鳝的寄生虫种类较多，个体大小不等。原虫类个体很小，一般须借助显微镜才能看见；蠕虫类个体相对较大，有的肉眼就能直接发现。寄生严重时，有些种类可在短期内引起黄鳝大批死亡。

（一）锥体虫病

病原体为锥体虫，寄生在黄鳝的血液中，在显微镜下才能见到，颤动很快，但迁移性不明显，流行期6～8月。

症状：病鳝大多数呈贫血状、消瘦、生长不良。

1. 预防措施

①鳝种入养前，用生石灰彻底消毒，杀灭锥体虫的中间宿主水蛭（蚂蟥）等。

②投喂的河蚌、螺肉等应先行冷冻处理，以杀灭寄生于蚌、螺中的颈蛭等。

2. 治疗方法

①用2%～3%的食盐水浸洗病鳝10分钟。

②用0.7毫克/升硫酸铜、硫酸亚铁合剂（5∶2）浸洗病鳝15分钟左右。

（二）隐鞭虫病

病原体为隐鞭虫，寄生在黄鳝的血液中，其形态与其他鱼类的隐鞭虫不同，它的后鞭毛贴在虫体表的一段，和虫体表面构成一条比较明显的狭长的波动膜。活的虫体在血液中颤动，但很少迁移。寄生在黄鳝血液中的隐鞭虫须借助水蛭吸血传播。

症状：被感染的病鳝呈贫血状，全年都可感染，以夏秋季较常见，大量寄生时，可引起黄鳝死亡。

1. 预防措施

①养殖水体用生石灰或漂白粉进行消毒。

②加强饲养管理，注意调节水质，提高鳝体抗病力。

③鳝种放养前用0.7毫克/升的硫酸铜药液浸洗3～5分钟。

2. 治疗方法

①用2%～3%的碘盐水浸洗病鳝5～10分钟。

②配制硫酸铜、硫酸亚铁合剂（5∶2）药液泼洒，使水体成

0.7 毫克/升浓度。

③每 50 千克鳝用青蒿素 2 克拌饵投喂，第二、三天药量减半。

（三）黑点病

病原体 茎双穴吸虫的囊蚴寄生在鳝体皮下组织而引起的疾病。

症状：鳝体消瘦，发病期尾部出现浅黑色小圆点，手摸有粗糙感。随后小圆点颜色加深，变大并隆起，有的黑色小点突起进入皮下，并蔓延至体表多处，病鳝贫血，摄食量下降，生长停止，直至消瘦而死。

1. 预防措施

①鳝池进行彻底消毒，消灭中间寄主；进水时要经过滤，以防中间寄主随水带入。

②已养鳝池中，如发现有中间寄主（椎实螺），可在傍晚扎草把数捆放入池内诱捕，于第二天清晨将草把捞出处理，连续数天。

③投喂的螺肉需经盐水浸泡处理后投喂。

2. 治疗方法

①用硫酸铜溶液全池泼洒，使水体成 0.7 毫克/升浓度，消灭中间寄主椎实螺。

②用二氯化铜全池泼洒，使水体成 0.7 毫克/升浓度。

（四）毛细线虫病

病原体：毛细线虫，属毛细科。雌虫体长 4.99～10.13 毫米，雄虫体长 1.93～4.15 毫米，虫体 6～10 月均可产卵繁殖。

症状：毛细线虫以其头部钻入黄鳝肠壁黏膜层，腹腔内壁、胆管、肝脏、胰腺外壁也有寄生，破坏组织，吸收营养。病鳝体质瘦弱，食欲减退，生长发育受严重影响，对幼鳝危害较大，发育到一定阶段会穿透鳝体，病鳝将头伸出水面，腹部向上，停留于池边或水草上，直至死亡。

1. 预防措施

①鳝种放养前，养殖水体用生石灰消毒，杀灭虫卵。

②发病季节用晶体敌百虫配液泼洒，使水体成 0.5 毫克/升的浓度。

③加强水质管理，及时注换新水。

2. 治疗方法

①每 50 千克鳝每天用 90%的晶体敌百虫 5～7 克掺拌饵投喂，连喂 6 天。

②每 50 千克鳝每天用中草药 290 克（贯众：土荆介：苏梗：苦楝皮＝16：5：3：5）加入相当于总药量 3 倍的水煎汁，连煎两次，汁液一起拌饵投喂，连喂 6 天。

③每 50 千克鳝每天用肠虫清 2 克拌饵投喂 3～5 天。

（五）棘头虫病

病原体为一种隐藏新棘虫，白色条状，能收缩，体长 8.4～28 毫米，呈圆筒状，前端略大，吻小。在黄鳝的肠道中营寄生生活，寄生虫体数量从几条至几十条不等。

病状：病鳝食欲减退或不进食，体色变青发黑，肛门红肿。经解剖肉眼可见内有白色蠕虫，吻部牢固地钻进肠黏膜内，吸取营养，以致引起肠道充血发炎。使部分组织增生或硬化，并侵袭其他内脏，大量寄生时，会阻塞肠管或造成肠穿孔，并可引起黄鳝在较短时间内死亡。

预防措施、治疗方法与防治毛细线虫病相同。

（六）蛭病

病原体：为中华颈蛭，又叫蚂蟥、水蛭。有营自由生活的，也有营寄生生活的。

症状：蚂蟥牢固地吸附于鳝体，吸取黄鳝的血液为营养，同时破坏了寄生外的表皮组织，引起细菌感染。被蚂蟥寄生的黄鳝活动迟钝，食欲减退。据观察，一条黄鳝的体表可寄生蚂蟥 10 多条，多的甚至超过 100 条。凡被寄生的黄鳝轻则影响生长，重则死亡。

1. 预防措施

①鳝种放养前，水体用生石灰彻底清塘。

②无土（或网箱）养殖黄鳝时，在池（箱）中培植水花生、水葫芦等水草，必须经消毒处理，防止带入蚂蟥等寄生虫。

③凡投喂的螺、蚌、小鱼等动物性饲料，需经高温处理后方可投喂。

2. 治疗方法

①将病鳝捞起放入晶体敌百虫溶液（浓度为 10 毫克/升）中浸浴 10～15 分钟。

②用 10 毫克/升的硫酸铜溶液中浸浴 10～30 分钟，能使蚂蟥脱落致死，水温低可适当延长些时间。浸浴时，如发现黄鳝有颤抖现象，说明浓度过高或时间过长，应立即捞出。

③用丁基灭必虱 0.3 毫升/米^3 药液浸浴，经 0.5 小时，蚂蟥开始脱落。

④用 5 毫克/升高锰酸钾溶液以及 20 毫克/升丑牛液浸浴 0.5 小时，有较好的治疗效果。

四、非寄生性疾病的防治

黄鳝非寄生性疾病一般由机械、物理、化学及其他应激反应所引起的，主要包括损伤、发热、感冒、缺氧、中毒等，养殖过程中稍有疏忽，很容易造成不必要的损失。

（一）损伤

鳝体受伤原因较多：一是捕钓时操作不慎，给黄鳝带来不同程度的损伤；二是装运容器粗糙锋利，鳝体体表被划伤，甚至造成肌肉深处创伤；三是运输时挤压、长时间的强烈振动，黄鳝呈麻痹状态，失去正常的活动能力。一般大个体对振动的反应较幼小的个体强，损伤亦严重；四是放养的鳝体规格悬殊或投饵不足，易造成相互残食时咬伤等。

防治方法：

①装运黄鳝时应细心操作，选择一定底面积的容器，容器表面绝对光滑无毛刺，尽量减少挤压损伤。

②黄鳝下池（箱）时剔除受伤过重的黄鳝，并将无伤黄鳝用2%～3%碘盐水浸浴消毒。

③根据养殖条件和养殖水平确定合理的放养密度和放养规格。

④饲养过程中，确保饵料质好量足，投喂均衡。

（二）发热病

此病在运输或饲养过程中，均有可能发生。

症状：黄鳝在高密度运输（或）饲养情况下，体表分泌黏液的速度加快，且聚积在水中发酵，大量耗氧，放出热量，使水温骤升（可高达 50℃），同时引起黄鳝体温升高。病鳝头部肿胀，焦躁不安，相互缠绕翻滚，免疫功能下降，致使病菌急性感染，从而造成大批死亡，有的死亡率高达 90%以上。

防治方法：

①在运输前，先经蓄养，使黄鳝体表泥沙及肠内粪便排净，气温 23～30℃每隔 6～8 小时彻底换水一次，或每隔 24 小时在水中施放一定量的青霉素（用量为每 25 升水放入 25 万～30 万单位）或盐酸金霉素（浓度为 0.1%～0.2%），但注意运输时间不宜过长。

②根据水源水质、养殖条件和水平、苗种来源，确定合理的放养密度和放养规格。在无土养殖时，池（箱）内应投放少量的

泥鳅，既可利用泥鳅吃掉剩饵，又可利用它上下翻动，减少黄鳝缠绕。

③注意观察，勤换水，不能留死角。

④在发病池（箱）中，泼洒万分之六的硫酸铜溶液，每平方米泼洒40～50毫升。

（三）窒息

黄鳝和其他水生动物一样，需要氧气，但又与其他水生动物不同，其鳃严重退化，即使在溶氧充足的水体中，也要把头伸出水面呼吸空气，因此黄鳝喜欢生活在水面附近的洞穴或水草中，以便在身体不离开居穴处便可把头露出水面吸取空气。如果头部难以伸出水面，时间长了，就会造成黄鳝窒息死亡。造成黄鳝窒息的主要原因有：一是运输时装载容器过深，挤压时间过长；二是池结构（或网箱设置）过深，呼吸运动频繁，体能消耗过大，致使黄鳝乏力而不能维持正常呼吸；三是高温季节，由于鳝池（或网箱）中温度较高，加上放养密度过大，耗氧量大，导致鳝池缺氧；四是养成池（箱）中水草太少或未设置遮阳网，遇高温天气，水表面水温太高，黄鳝无法探头呼吸空气；五是雷雨天气，尤其是久打雷而不下雨，气压偏低，没有及时换水；六是用药（含稻田）治病时，使用浓度相对偏高，黄鳝产生应激回避，长时间憋在洞穴中或网箱底部。

症状：黄鳝缺氧时，焦躁不安，频繁探头，体色变淡，机体呼吸功能紊乱，最终衰竭死亡。

防治方法：

①运输时视容器大小、时间长短、气温高低，确定合理的装载量，必要时中途可换水处理。

②根据养殖规模和养成规格，设计池（网箱）深度、放养量，同时栽植足量的水草。

③勤巡池（网箱），加强水质管理，高温雷雨天气及时注换

水，注水量可略大于排出水量。

（四）感冒

当气温变化幅度较大（或水温急剧改变）时，降低或升高都会刺激黄鳝皮肤的神经末梢，并引起内部器官功能失调而发生感冒。

症状：黄鳝体表有大量黏液分泌，皮肤失去原有光泽，当水温温差突然改变 12℃以上时，黄鳝游动失常，出现休克状态，并造成大批死亡。

防治方法：

①运输苗种时，温差应小于 3℃，运输成鳝时，温差不超过 5℃。水温低于 12℃时，应采取保温措施。

②秋季温差大时，中午可换注低温河水调温，晚上可适当加深水位保温，换水时水温温差不宜超过 5℃。

③有条件时，冬季可移入室内保温，或移入温室继续饲养。

（五）中毒

黄鳝受毒物的危害主要有三条途径：一是水源水质不好，进水时注入了有毒污水；二是通过食物或直接从水体中吸入了有毒物质，部分有害物质富集，组织器官受到破坏，造成生理机能代谢失调，严重时可致死；三是防治病虫害时，药量超标使用。

症状：不同药物对黄鳝的毒害不相同，其表现亦不一样，较为明显的有体表充血、发红，尾尖颤动不定，游动失常、翻滚或侧仰，最后进入麻痹昏迷状态，侧躺在浅水处或水草上至死亡。

防治方法：

①加强水源监测，严格掌握注入水的质量。

②病害防治时，准确丈量水体，对症下药，根据用药的品种、天气、水温等选用正确的治疗方法；对水稻病害防治同样如此，采取喷雾、加深水位或降低水位、用药后换水等方法，可有

效地降低稻田水体中的药量浓度，从而减少药害。

③对轻度中毒的黄鳝，应及时捞出放于无毒水体中暂养。

④对黄鳝中毒较重的养殖池，应在处理的同时清除底泥，待药性消失后方可继续饲养。

⑤凡自己加工（或购买）的黄鳝专用饵料，配方要科学合理，更不得添加禁用药物。平时投喂的螺、蚌等动物性饵料以及购买的配合饲料，都应查明来源，防止误用有污染的（或有毒）饵料而造成不必要的损失。

第八章

黄鳝的捕捞与运输

第一节　黄鳝的捕捞

黄鳝捕捞方法较多，常用的方法有笼捕、灯光照捕、抄网捕、流水刺激和草垫诱捕等。前三种只适合少量捕捞。池塘成批起捕时，一般用捕鱼种的夏花网。捕时将池中水生植物一并围在网内，起水时先捞出水生植物，鳝便在网中。稻田收捕时，可在稻子收获前采用流水刺激放置地笼网诱捕，或等水稻收获后在丰产沟内铺设草垫集中起捕。

1. 笼捕　平时可用黄鳝笼诱捕。黄鳝笼用竹篾打包带编织而成，笼的两端均为开口，一为进口处，另一开口加盖，进口处成倒势，黄鳝只能进不能出。收捕一般可每夜一次，内放蚯蚓等饵料，晚上七八点放笼，第二天清晨三四点收笼。使用时将笼的前身横卧水底，上面压上适量重物固定，后笼身上翘，使笼露出水面 10 厘米，以防鳝鱼入笼后窒息而死。一般一人可管60～80只鳝笼，效果比较理想。

2. 干塘捕捞　黄鳝的捕捞一般都在 11 月下旬开始，黄鳝停食以后直到春节，这段时间内气温较低，黄鳝已停止生长，起捕后也便于贮运和鲜活出口，是起捕的最好时机。刚入冬不久，黄鳝大多潜伏在泥土表面或水草丛中，起捕时可先将一个池角的泥土清出塘外，然后用双手依次地逐块翻泥捕鳝。不宜用锋利的铁锹挖掘，以避免碰伤。最后将剩下的泥土全部清出作肥料用，来年饲养再换新土。

3. 诱捕　捕捞时，应选用流水诱捕、草垫诱捕等方法。

（1）流水诱捕。根据黄鳝溯水习性，在进水口附近设置地笼网，网内固定一些诱饵，然后向池塘或稻田中加注新水，引诱黄鳝出洞群集入网。

（2）草垫诱捕。把当年收割的稻草以5%的生石灰消毒，在清水中洗净、晾干，再将垫草一一铺入鳝池底泥表层或稻田丰产沟内，撒上一层厚5厘米的消毒稻草，再铺第二层草垫，然后再在第二层草垫上撒10厘米厚的干稻草。水温13℃以下时把池水逐渐放浅，水温10℃以下时把水彻底放干。这时稻草垫温度高于泥层，黄鳝便自动钻入稻草层中。取鳝时，便可收多少揭多少，收获十分方便。

为了均衡上市，也可将池水放干逐块翻泥取出贮养，留待春节前后出售，稻田中，11月上中旬将田水放干，让黄鳝钻入泥中冬眠。田面用稻草或蒲包盖好防冻，到春节后逐块人工挖捕即可。

第二节　黄鳝的贮养和运输

不论是捕捉的还是人工饲养的黄鳝，在市场销售或装运出口之前，都有一个贮养和运输问题。如果措施不当，就会造成大批死亡，死亡率高达90%左右。因此，必须采取正确的贮养和运输方法，以提高经济效益。

一、黄鳝的贮养

贮养黄鳝的主要容器是水箱、水盆、土坑和水泥池等。贮养的方法则要根据贮养时间和数量采用不同的方法。

1. 短期贮养（2天以内）　用可容60千克水的水箱或水盆，

气温 23～30℃，用 25 千克清水，可贮养黄鳝 30 千克，贮养期间采用下列措施，能使成活率达 90%以上：①每隔 6～8 小时彻底换水一次。②如条件限制不能及时换水，在贮养开始和 24 小时后各投放一次 30 万单位的青霉素。③贮养开始和 24 小时后，各投放一次浓度为 7 毫克/升的硫酸铜溶液 30 毫升。

不论采用哪种措施，每隔 3～4 小时都需用手或捞海伸入容器底部向上搅动一番，使体弱的黄鳝不致长时间积压在底部而死亡。也可以在其中放养数尾泥鳅，借助泥鳅的上下游窜，防止黄鳝因密度过大相互缠绕而发生死亡。

采用换水调温的方法时，要注意水的温差不能超过 3℃，温差过大，不但不能调温，还会因冷热剧变而使黄鳝生病死亡。采用后两种措施的，如饲养时间需延长，则应在 48 小时内彻底换水两次，并再次按分量加入杀菌剂。

2. 长期贮养（2 天以上）　长期贮养多采用土坑和水泥池。水泥池 20 米^2 左右（5 米×4 米或 5 米×5 米），深 0.8 米，加水 20 厘米左右。土池则需要像建鳝池一样，四周用砖块砌成，池深 1 米，如作长期使用，还要在池底修建直径 5 厘米的排水洞，并在池堤上装注水槽，以便能随时更换清水和排水捕获。贮养池饲养密度大，黄鳝易因环境恶化而死亡，故管理工作很重要，平时要注意剔除病态的大头鳝、体表有红色斑纹的病鳝及受伤较重、体质较差的弱鳝。发现死鳝及时拣出并查明原因。水位保持 20 厘米左右，冬季则只需保持 4 厘米左右，上面再覆盖塑料薄膜或草苫保温。如发现水质发臭，则应迅速加注新水，以防健康鳝生病死亡。

二、黄鳝的运输

黄鳝的运输方法根据数量多少和交通情况，分别采用干湿法装运、带水装运、尼龙袋充氧装运等。不论采用哪种装运方法，运前都必须将有病、受伤的黄鳝剔出，就地销售，同时要认真检查运输途中的用具是否完备。

1. 干湿法运输　又称蒲包装运。如果运输数量不多，运输时间在24小时内，可用蒲包装运。先将蒲包洗净和浸湿，每包约放20～25千克黄鳝，再连包装入箩筐中，以免装运中堆积压伤，运输途中，每隔3～4小时用清水淋一次，以保持鳝体皮肤具有一定湿润性。气温较高的季节，应在筐中放置冰块，用以降温和保湿。气温25℃以下，运输成活率99%以上。

2. 带水运输　适宜长时间运输，且存活率高，一般采用白铁皮箱、塑料水箱、帆布袋等容器装运。水温25℃以下，运程在一天以内，装运密度水与鳝的比例为1∶1～1.5，每立方水使用青霉素40万单位，控制水质变化。天气较闷热时，装水量应适当减少，途中注意定时换水，经常搅拌。气温较高时，每隔3～4小时换一次水。换水时，一定要彻底，并符合渔用水质标准。途中时间超过24小时时，要注意防止黄鳝“发烧”，预防方法是每隔3～4小时搅拌一次，或放入一定数量的泥鳅，可避免黄鳝相互缠绕。此外，在容器中稍许放些生姜和整辣椒，对控制鳝鱼“晕头”有较好的效果。

3. 尼龙袋充氧装运　尼龙袋或塑料袋运输（常用规格为：长70～80厘米，宽40厘米），每袋装10～15千克，加水淹没鳝体，充氧后扎紧袋口装箱，高温季节可将氧气袋装入带冰的泡沫箱内运输，运输成活率可达100%。

三、黄鳝贮养和运输中死亡原因分析

黄鳝在贮运过程中，有可能发生大批死亡，其主要原因如下。

1.“发烧”缺氧，造成死亡　黄鳝体表富含黏液，如容器内黄鳝装载密度过大，又不及时换水，黏液就越积越多。这些黏液通过水中微生物的分解作用，使有机耗氧量大大增加，能很快地将水中的溶解氧消耗完，并产生热量，从而使水温显著升高，并伴有强烈的腥臭味，从而造成大批鳝鱼窒息而死。所以在黄鳝贮运时，少量使用青霉素等抗生素，抑制细菌增殖，并及时换水，可以提高贮运的成活率。

2. 鳝体受伤，引起死亡　黄鳝受伤的原因主要是捕捞时受机械伤严重，或集中盛放时相互咬伤（一般是尾部咬伤）。受伤黄鳝往往受强者挤压而沉没于容器底层，引起死亡。所以在黄鳝贮运时，必须将有病、有伤的黄鳝剔除，同时容器必须尽可能保持光滑无破损，保持合理贮运密度。

3. 水温升高或剧变，造成死亡　水温的上升能引起黄鳝本身耗氧量的剧增，极易引起水中缺氧，从而易使黄鳝窒息死亡。水温剧变也可引起黄鳝发病或死亡，故换水时一般温差不得超过3℃。运输最好选择在春季或秋季，气温25℃以下，并定时换水、经常搅拌，以保持最适水温。

第二篇

泥鳅无公害养殖技术

第一章

概　述

泥鳅又称鳅、土溜、长鱼，隶属鲤形目，鳅科，泥鳅属，是一种常见的野生小鱼类，广泛分布于日本、朝鲜、中国和东南亚国家。我国除青藏高原外，其余各地淡水水域，如湖泊、池塘、河溪、水沟、稻田等均有天然分布，尤以南方河网地带较多，一年四季均可捕到，春季为多。泥鳅生命力很强、繁殖快、饵料杂，是一种易饲养、产量高、经济效益好的鱼类。泥鳅肉质细嫩，清香鲜美，营养价值丰富，可食部分占80%左右，而且有较高含量的不饱和脂肪酸。泥鳅具有很高的药用价值，素有“水中人参”的美称，对面疔、腮腺炎、皮肤瘙痒、水肿、黄疸、痔疮下坠等有一定的疗效。据《本草纲目》记载，泥鳅具暖中益气、通血脉、补阴助阳等功能。因此它既是营养食品，又是保健食品。在我国南方和东南亚、日本、韩国等地深受人们欢迎，是外贸出口的主要水产品之一，具有广阔的市场前景。泥鳅因其适应性强、疾病少、成活率高、繁殖能力强、运输方便、饵料易得等特点，已逐渐成为重要的水产养殖品种。

第一节　种类、分布

一、种　　类

泥鳅属鲤形目、鲤亚目、鳅科、泥鳅属。本属种类较多，有泥鳅、大鳞泥鳅、内蒙泥鳅（埃及泥鳅）、青色泥鳅、二色中泥鳅等。还有鳅科的另一个属，副泥鳅属，有大鳞副泥鳅、拟泥鳅等。在全世界有十几种，外形相差无几。

在天然水体中数量较多及具养殖经济价值的主要是泥鳅和大鳞副泥鳅，这两种泥鳅在养殖中通称泥鳅。区别的主要依据是：泥鳅一般成熟后个体较大（100 克左右），灰黑色，尾鳍基部上方有一黑色大斑，尾柄长大于尾柄高；大鳞副泥鳅一般个体较小（60 克左右），土黄色，尾鳍基部上方无黑斑，尾柄高大于尾柄长。

二、分　布

泥鳅广泛分布于中国、日本、朝鲜、俄罗斯及印度等地。我国除青藏高原外，全国各地河川、沟渠、稻田、池塘、湖泊及水库等天然淡水水域均有分布，尤其在长江和珠江流域中下游分布极广，群体数量大，是一种小型淡水经济鱼类。

第二节　泥鳅的养殖概况

泥鳅养殖在国外历史较长，尤以日本较早，已有近 70 多年的历史。早在 1944 年，日本川村智次郎先生即采用脑下垂体制荷尔蒙激素注射液，应用在泥鳅的人工繁殖，为养殖生产提供大批苗种开辟了新途径。而后泥鳅的全人工养殖、规模养殖以及泥鳅优良品种的选育等逐步发展，迄今泥鳅养殖已成为日本很有发展前景的水产养殖业。在韩国、朝鲜、俄罗斯和印度等地区亦有泥鳅养殖。

多年来我国市场泥鳅供应主要依靠天然捕捞，但随着环境的恶化，泥鳅的自然产量逐步下降，仅仅依靠自然产量已不能满足国内市场的需求，更不能满足国外市场需要。因此，近年来，我国江苏、浙江、湖南、湖北、四川、山东、广东、上海等地水产养殖企业和养殖户，在捕捞野生鳅蓄养出口的基础上，利用天然的或人工修建的坑、塘、沟、池等小水体，采取综合性的技术措施，积极开展了泥鳅人工繁殖和养殖的生产试验，获得了不少养殖经验。另外，全国许多水产科研院校结合生产实际，开展了泥鳅的大规模人工繁殖、培育苗种、生物学、品种选育等方面的研究，取得了可喜成果。

这些研究成果与养殖者的经验相结合投入生产，使泥鳅养殖获得较高的养殖产量和经济效益，养殖规模不断扩大，产量不断上升，初步形成供销两旺的大好局面。特别是最近几年韩国需求量较大，仅 2006 年韩国就进口泥鳅达 5 万吨左右。市场的需求带动了国内较大规模的生产，泥鳅养殖又上了一个新台阶。

我国台湾省农村养鳅很多，主要是因近年来鸡养殖的兴盛。那儿的人们普遍认为泥鳅是养鸡最佳饲料之一。尤其在夏天，在鸡饲料中加泥鳅作配方，可防止鸡消瘦现象，同时鸡粪又是泥鳅的好饲料。因此，养殖者利用鸡粪作肥料，在稻田中养殖泥鳅育了稻、养了鳅。大泥鳅上市，较小的泥鳅还可肥鸡，经济效益较高。

第三节　无公害泥鳅的养殖前景

一、泥鳅的价值

泥鳅为高蛋白、低脂肪型的优质水产品，其价值有如下几个方面。

1. 食用价值　泥鳅味道鲜美，营养丰富，含蛋白质较高而脂肪较低，既是美味佳肴又是大众食品，素有“天上的斑鸠，地下的泥鳅”和“水中人参”之美誉。泥鳅既味美又滋补，还易获得，价廉物美。泥鳅可食部分占整个鱼体的 80%左右，高于一般淡水鱼类。经测定，每 100 克鱼肉中含蛋白质 22.6 克、脂肪

2.9 克、碳水化合物 2.5 克、灰分 1.6 克、钙 51 毫克、磷 154 毫克、铁 3.0 毫克、硫黄素 0.08 毫克、核黄素 0.16 毫克、尼克酸 5.0 毫克，还含有多种维生素，其中维生素 A 70 国际单位，维生素 B_1 30 微克，维生素 B_2 440 微克，还含有较高的不饱和脂肪酸。

2. 药用价值 自古以来，泥鳅被认为具有较高的药用价值。据《医学入门》查考，泥鳅性甘、平，具“补中、止泄”之功能。《本草纲目》中记载：泥鳅有暖中益气之功效，对肝炎、小儿盗汗、痔疮、皮肤瘙痒、跌打损伤、手指疔、阳痿、乳痈等症都有一定疗效。现代医学临床验证，采取泥鳅食疗，既能增加体内营养，又可补中益气、壮阳利尿，对儿童、年老体弱者、孕妇、哺乳期妇女以及患有肝炎、高血压、冠心病、贫血、溃疡病、结核病、皮肤瘙痒、痔疮下垂、小儿盗汗、水肿、结核病、老年性糖尿病等引起的营养不良、病后虚弱、脑神经衰弱和手术后恢复期病人，具有开胃、滋补效用，尤其在夏季，泥鳅特别肥美，为炎热夏天的良好补品。

3. 经济养殖 泥鳅以其鲜美肉质和特殊的保健、药用价值，深受广大消费者的喜爱，不仅在国内市场受欢迎，而且在国际市场上也是紧俏的商品，日本和韩国尤受欢迎。日本每年的需求量较大，年销量达 4 000 余吨，但其本国产量仅 1 500 吨左右，其余部分都要从我国进口。在冬季的东京市场上，我国出口的冰鲜开膛泥鳅每千克价高达 2 300～2 400 日元。据统计，出口 1 吨冰鲜开膛泥鳅可换回 26 吨钢材。韩国每年进口我国泥鳅达几万吨。我国泥鳅还通过港澳地区销往东南亚等地。

二、无公害泥鳅养殖前景

泥鳅生命力很强，对环境适应性高，食料荤素粗杂易得，养殖占地面积少，用水量不大，易于饲养，便于运输，成本低、收益大、见效快，单位水面产量可高达 3 万～6 万千克/公顷。我国有着得天独厚的自然资源，可利用各种浅水水体，如稻田、洼地、坑塘等无污染处，因地制宜、就地取材发展泥鳅养殖，有条件可发展规模养殖。泥鳅养殖投资小、见效快，市场前景广阔。

目前我国泥鳅养殖业开始向集约化、商品化、规模化的方向努力。规范泥鳅养殖技术，发展无公害泥鳅养殖，保证泥鳅养殖质量和数量，对提高养殖户的经济效益，保护自然资源具有重要意义。

第二章

生物学特征

一、泥鳅品种及其形态特征

泥鳅属鲤形目、鳅科、花鳅亚科、泥鳅属的鱼类。鲤形目、鳅科的鱼类相当多，仅我国就有 100 余种，它们的生活习性和生长速度相近却又各不相同。通常养殖的泥鳅种类有泥鳅、大鳞副泥鳅、中华花鳅、花斑副沙鳅、大斑花鳅和北方条鳅等，在养殖选种时应注意区别。

在养殖的鳅科鱼类中，常见的是真泥鳅（以下称泥鳅）、大鳞副泥鳅，尽管在自然水域中两者的生长特性基本一致，但在人工养殖的条件下，泥鳅的生长速度、成活率及抗病力等方面要稍优于大鳞副泥鳅，而中华花鳅、花斑副沙鳅、大斑花鳅、北方条鳅等比较适合在流动的江河中养殖，这些鳅科鱼类味道鲜美，虽然产量较低，但售价要高一些，所以养殖效益也较好，具有开发潜力。

（一）泥鳅

真泥鳅一般称为泥鳅，是最常见的个体较大的泥鳅，一般成熟体长 10～15 厘米，最大个体 30 厘米左右。

泥鳅分布很广，除青藏高原外，北至辽河、南至澜沧江的我国东部地区的河川、湖泊、沟渠、稻田、池塘和水库等各种淡水水域均有自然分布，尤其是长江和珠江流域中下游分布最广，产量最大。在国外，真泥鳅主要分布于东南亚一带以及日本、朝鲜、韩国等。

泥鳅体小而细长，前部略呈圆筒形，后部侧扁，腹部圆。头较尖，近锥形，吻部向前突出，倾斜角度大，吻长小于眼后头长；口小，下位，马蹄形，口裂深弧形。唇软，有细皱纹和小突起，上、下唇在口角处相连，唇后沟中断；上唇有2～3行乳头状凸起，下唇面也有乳头状凸起，但不成行；上颌正常，下颌匙状。口须（触须）5对，其中2对吻须，1对口角须，2对颌须。口角须长短不一，最长者可伸至或略超过眼后缘，短者仅达前鳃盖骨。泥鳅口须和唇上味蕾丰富，感觉灵敏，可很好地协助泥鳅觅食。头部有1对眼，眼前方有1对鼻孔。眼小，侧上位，并覆有雾状皮膜，因而视力弱，只能看见前上方的物体，对躲避敌害有利。头侧有1对鳃孔，内有鳃，鳃孔小，鳃裂至胸鳍基部，鳃完全但鳃耙不发达，呈细粒状。泥鳅的耳在外表上是看不到的。

鳃孔至肛门是躯干部，有细小的圆鳞埋于皮下，黏液较多，因而体滑。测线完全但不明显，侧线鳞在141～150片。躯干部长有胸鳍、背鳍和腹鳍。胸鳍不大且雌雄异形，位于鳃孔后下方；背鳍末根不分支鳍条软，背鳍起点距吻端较距尾鳍基为远，背吻距为背尾距的1.3～1.5倍。腹鳍不大，位于体中后部，与背鳍相对，但起点稍后于背鳍起点；臀鳍末根不分支鳍条软，末端到达尾鳍退化鳍条。尾鳍后缘圆弧形，在尾柄上下有尾鳍退化鳍条延伸向前的鳍褶，上方的鳍褶达到臀鳍之上方，下方的鳍褶约达到臀褶末端处。肛门约在腹褶末端与臀褶起点之间的中点。各鳍鳍式为：背鳍3，6～8；臀鳍3，5～6；胸鳍1，9～10；腹鳍1，5～6。

鳃耙外行退化，内行短小。鳔前室哑铃形，包于骨质鳔囊中，后室退化。骨质鳔囊由第四椎体横突、肋骨和悬器构成，第二椎体的背支和腹支紧贴于骨囊的前缘，不参与骨质鳔囊的形成。无明显的胃，肠管直，无弯曲，自咽喉后方直通至肛门。腹膜灰白色。体浅黄或灰白色，背、侧部褐色，散布有不规则的褐色斑点，背鳍、尾鳍和臀鳍多褐色斑点，尾鳍基部偏上方有一显著的深褐色斑。因栖息环境不同，体色变异较大。

体长为体高 6.1～7.9 倍，为头长 5.4～6.7 倍；头长为吻长 2.4～3.1 倍，为眼径 4.6～7.0 倍，为眼间距 4.4～5.5 倍；尾柄长为尾柄高 1.2～1.4 倍。

（二）大鳞副泥鳅

大鳞副泥鳅体形酷似泥鳅，一般成熟体长 10～15 厘米，最大个体可达 28 厘米，主要分布于长江中下游及其附属水体中，数量较少。

体延长，前部近圆筒形，后部侧扁，腹部圆。头小，近圆锥形。吻长，稍尖，吻褶不发达，游离。口小，亚下位，马蹄形。唇发达，下唇分 2 叶，游离。眼小，侧上位，被皮膜覆盖，眼缘不游离。眼间隔宽，稍隆起，无眼下刺。前后鼻孔紧邻，位于眼前方，前鼻孔短管状，后鼻孔圆形。口须 5 对，吻须 2 对；口角须 1 对，细长，后伸超过前鳃盖骨后缘；颌须 2 对，较短小。鳃孔小，侧位。鳃盖膜与颊部相连。

体被圆鳞，鳞片较泥鳅体鳞为大，埋于皮下。头部无鳞。侧线不完全，止于胸鳍的上方。侧线鳞 108～113。背鳍小，无硬刺，其起点距吻端大于距尾鳍基部；胸鳍距腹鳍甚远；腹鳍短小，起点在背鳍第二至第三分支鳍条的下方。尾鳍圆形。肛门较近臀鳍起点，约位于腹鳍基部至臀鳍起点之间的 3/4 处。尾柄下方具发达的皮褶，皮褶与背鳝、尾鳍和臀鳍相连。各鳍鳍式为：背鳍 3，6～7；臀鳍 3，5～6；胸鳍 1，10～11；腹鳍 1，5～6。鳃耙外行退化，内行短小。鳔的前室哑铃形，包于骨质鳔囊中，后室退化。骨质鳔囊参与构成的骨骼与泥鳅同。食道后方为 U 形的胃，肠自胃的一端发生，直通肛门，体长约为肠长的 2 倍。腹膜灰白色。背部及体侧上半部灰黑色，体侧下半部及腹面灰白色，体侧密布暗色小点，并排列成线纹。背鳍、尾鳍具暗色小点。其余各鳍灰白色。

体长为体高的4.9～5.1倍，为头长的5.1～5.7倍，为尾柄长的6.1～6.7倍，为尾柄高的5.1～5.7倍；头长为吻长的2.3～2.5倍，为眼径的5.3～5.7倍，为眼间距的主3.2～3.8倍；尾柄长为尾柄高的0.8倍。

大鳞副泥鳅与泥鳅形态结构较相似，主要区别见表2-2-1。

表2-2-1　大鳞副泥鳅与泥鳅的比较

	侧线鳞	口角须	尾柄上下方皮褶
大鳞副泥鳅	少于120	较长，后伸超过前鳃盖骨后缘	发达，与背、尾鳍和臀鳍相连
泥鳅	多于130	较短，后伸仅达眼后缘	相对不发达，不达背鳍、臀鳍

二、生活习性

泥鳅属底层鱼类，多栖息于静水及水体有软泥的底层，特别喜欢栖息在有丰富腐烂植物淤泥表层。除特殊原因外，一般不到水体的上、中层活动。生长水温15～30℃，最适生长温度24～28℃，水温5℃以下或35℃以上，以及天旱少水时，它都会潜入泥层中“休眠”。休眠期不摄食、活动少，依靠少量的水分用肠壁进行呼吸。只要土壤中稍有湿气能湿润皮肤，就能够维持生命。泥鳅除用鳃和皮肤呼吸外，还能进行独特的肠呼吸，这是它特有的生理现象。其肠壁薄，肠管直，肠的前段（肠部分）具有消化作用，能将食物消化；后一段肠壁上皮细胞分布很多微血管，肠管具有黏液腺细胞，能分泌黏液，将未消化的食物包裹起来，使粪便能顺利通过，避免肠壁受到损伤，利于进行肠呼吸。当水中缺氧时，它浮游水面，吸进空气，在肠管内吸收氧气，然后再从肛门排出废气。因此泥鳅比较耐低氧，在溶氧0.16毫克/

升的水中也能生活。泥鳅视力很差，但其触须发达，味觉敏锐，靠它来选择食物。泥鳅满身黏液，皮肤润滑，有利钻泥活动，还能澄清水质；泥鳅易逃逸，当池水涨水时，只要池埂有洞，它就会大量逃走。尤其是在春、夏季晚间或雨天，水位上涨后，泥鳅很容易从进水口和出水口逃逸。因此，防逃是人工养殖泥鳅过程中值得重视的环节。

三、食　　性

泥鳅为杂食性鱼类，幼苗阶段体长 5 厘米以下时，主要摄食动物性饵料，如浮游动物的轮虫、枝角类、桡足类和原生动物；5～8 厘米时转变为杂食性，主要摄食小型甲壳类、丝蚯蚓、摇蚊幼虫、水生和陆生昆虫及其幼体、蚬类、螺等底栖无脊椎动物幼体，同时摄食丝状藻类、硅藻、水陆生的碎屑及种子；8～10 厘米时，摄食藻类、植物的茎、根、叶、种子及有机残渣、碎屑等；10 厘米以上时，则以摄食植物性饵料为主。人工养殖中必须根据不同生长阶段调整泥鳅的饲料。泥鳅特别贪食，在养殖过程中，动物性饲料不宜投喂过多，以免摄食过量，阻碍肠道呼吸而导致死亡。泥鳅多在夜晚摄食，白天大多潜伏在泥中，喜上半夜外出觅食。泥鳅一天中有两次摄食高峰，即上午 7～10 时和下午 4～6 时，早晨 5 时左右是摄食低潮。产卵期和生长旺季也在白天摄食。水温 25～27℃时食欲最旺，生长迅速；超过 30℃或低于 15℃时，食欲减退，生长缓慢。

四、年龄与生长

泥鳅的生长速度和饵料、养殖密度、水温、性别、规格大小等密切相关。人工养殖中个体会出现较大的差异。自然环境中，泥鳅生长较慢，刚孵出的泥鳅苗，一般体长 3～4 毫米，1 个月后2～3厘米，6个月5～7厘米，体重2～3克。孵化10个月后，体长9～10厘米，体重6～7克。此后，雌雄泥鳅生长便产生明显差异，雌鳅生长比雄鳅快。雌鳅最大个体可达20厘米，重100克左右；雄鳅最大17厘米，重50克。人工养殖条件下，刚孵出的泥鳅苗经15天即可长至3厘米以上，当年可长至10～12厘米，即每千克80～100尾的商品鳅。第二年生长趋缓，但肥满度增加。

五、繁　殖

泥鳅是一年多次性产卵鱼类，一般1冬龄泥鳅可达性成熟。性成熟的泥鳅一年产卵2～3次，成熟个体雌性大于雄性。繁殖水温18～30℃，适宜水温22～28℃，长江流域生殖季节在4下旬、水温18℃以上时开始，一直延续到9月，以5～7月最盛，但也有秋后产卵的现象。雌鳅最小成熟个体为8厘米，雄鳅为6厘米。

泥鳅卵圆形，米黄色，半透明，直径1毫米左右，黏性较差，虽能在附着物上黏着，但很容易脱落。泥鳅怀卵量因个体大小而有差异，一般个体越大，怀卵量越多。

水温18～20℃时，多在晴天早晨产卵；水温25℃以上，常在雨后或水温较低时产卵。产卵方式很特殊，产卵时数尾雄鳅追逐纠缠一尾雌鳅，并不断用嘴吸吻雌鳅的头部和胸部，时而游出水面，不久一尾雄鳅将身体曲于雌鳅肛门稍前的腹部，以刺激雌鳅产卵，同时排出精子，完成体外受精。数分钟之内可连续产卵数次。受精卵黏附在水草或其他附着物上。水温20℃时，2～3天就可孵出幼苗。

产卵时雄鳅追逐雌鳅，雄鱼紧紧卷住雌鱼，压着雌鱼腹部，使卵向体外排出，雄鱼同时排出精子进行体外受精。泥鳅繁殖力很强，怀卵量因个体大小差别很大，一般怀卵8 000粒左右，少的仅几百粒，多的达十几万粒。12～15 厘米的泥鳅怀卵量为 10 000～15 000 粒，20 厘米的达 24 000 以上；体长 9.4～11.5 厘米的雄性泥鳅精巢内约含 6 亿精子。卵常产在水沟、浅水带、水田、水草禾苗根处。孵化时间随水温的变化而异，一般 1～2 天即可孵出幼苗。

第三章

泥鳅的人工繁殖

第一节　亲鳅的来源与选择

一、亲鳅的来源

亲鳅来源通常有三个：一是自己培育的已达性成熟的成鳅；二是从市场上购买的性成熟的泥鳅；三是从自然界中捕捉的野生鳅。三种亲鳅各有利弊，自己培育泥鳅可以保证数量和质量，无传染病危险；购买、捕捉的野生鳅，可以避免泥鳅的近亲繁殖。但无论是哪种来源的亲鳅，都必须进行严格筛选。

二、亲鳅的选择与雌雄鉴别

（一）亲鳅选择

人工繁殖用的亲鳅一般不宜长期蓄养，最好是采集临近产卵期的天然泥鳅，经强化培育后进行人工繁殖。亲鳅要选择体型端正、体质健壮、黏液较多、体色正常、健康无伤的成熟泥鳅。从泥鳅背部向下观察，看见腹部是白色的，即是发育良好的标志，腹部两侧出现了白斑点是已产完卵的鱼，不能选用。

（二）雌雄鉴别

1. 雌鳅　1冬龄的雌鳅已达性成熟。个体大的雌鳅怀卵量大，繁殖的鳅苗质量好，生长快，因此要选择2～3冬龄，体长10厘米以上，最好是15～20厘米；体重18克以上，最好是30～50克，腹部膨大且柔软有弹性，体色橘黄色具有光泽，腹部白色明显的个体。雌鳅胸鳍宽短、末端钝圆，呈扇形，腹部明显突出，身体呈圆柱形，生殖孔外翻，呈红色。

2. 雄鳅　选择2～3冬龄，体长10厘米以上，最好是15～20厘米；体重12克以上，最好是20～40克的行动敏捷的个体。雄鳅体型细小，胸鳍狭长，末端尖而上翘，第二鳍条基部有一骨质薄片，鳍条上有追星。

亲鳅生殖季节雌雄之间有许多不同特征，可以通过以下几个方面用肉眼来鉴别（表2-3-1）。

表2-3-1　雌雄亲鳅外形特征鉴别

部位	雌鳅	雄鳅
个体	较大	较小
胸鳍	较短，末端较圆，第二鳍条的基部无骨质薄片	较长，末端尖而上翘，第二鳍条的基部有一骨质薄片，鳍条上有追星
背鳍	无异样	末端两侧有肉瘤
腹部	产前明显膨大而圆	不膨大，较扁平
背鳍下方体侧	无纵隆起	有纵隆起
腹鳍上方体侧	产后有一白色圆斑	无圆斑

第二节　亲鳅的培育

一、培育池条件

水泥池或土池都可用作培育池，大小不限，便于管理、捕捉即可，面积一般 30～50 米^2，以长方形水泥池为好，池底要求有淤泥 20 厘米左右，保持水深 40～50 厘米，进、排水口分设在池两端，并用拦鱼网罩拦好，以防泥鳅逃逸。

二、放养前的准备

1. 消毒　放养前 15 天用生石灰或漂白粉清塘消毒，生石灰 100 克/米^3 或漂白粉 10 克/米^3 化水后全池泼洒。

2. 培育生物饵料　放养前 5～7 天每亩施有机肥 200～300 千克培育生物饵料，养殖池四周应建有防护网，进水口用 80 目筛绢网过滤，严防敌害和野杂鱼虾进入培育池。

3. 亲鳅的放养

（1）鱼体消毒。亲鳅入池前用 15～20 克/升的高锰酸钾溶液或 3%～5%的食盐溶液浸浴 3～5 分钟，杀灭体表病原菌、寄生虫等。

（2）放养时间。4 月底 5 月初选择晴天亲鳅入池，放养时注意调节亲鱼运输水温与养殖池水温，水温差不宜超过 3℃。

（3）放养密度。亲鳅雌、雄分开进行强化培育，培育时每亩放养量不宜超过 200 千克。

4. 日常管理

（1）饲料质量。饲料蛋白在 40%左右，根据水温调节亲鳅饲料的动植物蛋白含量比例，水温 15～17℃时，饲料中的动物性蛋白含量与植物性蛋白比例为 3∶1；水温 20℃以上时，动物性蛋白含量与植物性蛋白含量比例 1∶1。

（2）投喂技术。平时每天投喂两次，日投饲量为鱼体总重的 5%～8%，用食台多点置于水中投喂，饲料可用花生饼、豆饼、米糠、麸皮、配合饲料等，最好使用专用配合饲料，蛋白质含量 32%～36%。饲料要置于饲料盘中，供亲鱼摄食。为了使泥鳅摄食均匀，最好每天上午 9 时和下午 3 时投喂，投喂前先清除饲料盘中的残饵。春季 3 月下旬以后，进行亲鱼的强化培育。强化培育时期，多投蛋白质含量高的饲料，投饲量增加到 8%～10%。还可以在池面上设置诱虫灯，引诱昆虫投入水中，作为泥鳅的活饵料。泥鳅喜欢在夜间觅食，故投喂饵料应以傍晚为主。白天的投饲量占日投饲量的 25%～30%，夜间占 70%～75%。投饲量应根据水质、水温、溶氧、活动等具体情况适当增减。

(3) 水质管理。池中要常充新水，保持水质良好，透明度 20 厘米左右。池中可常投入一些水草或旱草，以利遮阳、避光、肥水，增加水中的腐殖质。连续晴天、水温超过 28℃时，必须加注新水，以防亲鳅钻泥“夏眠”。每两天换新水一次，每次换池水的 1/3 左右。每隔 5～7 天全池泼洒生石灰、漂白粉消毒一次。

第三节　人工繁殖

一、雌雄及成熟度鉴别

(一) 雌雄鉴别

雌雄泥鳅的鉴别方法主要依据形态上的差异：一看体型。雄鱼较小，个体细长，背鳍末端有隆起，天然捕获的泥鳅隆起明显，人工养殖的因其较肥满，有时不明显；二看胸鳍。雄鳅胸鳍较狭长，末端较尖，呈镰刀状，最外侧 2～3 根鳍条末端略向上翻；雌鳅胸鳍短而宽，末端钝圆，呈舌状。三看腹部，雌鱼腹部膨大肥满，丰满圆润，富有弹性，有明显向外突出，将雌鳅腹部朝上，可看到明显的卵巢轮廓，生殖孔圆形外翻，呈略带透明的粉红色或黄色。雄鱼腹部扁平，生殖孔狭长凹陷，呈暗红色，轻挤腹部，有的可流出乳白色精液。

（二）成熟度鉴别

鉴别亲鳅成熟程度通常采用“一看二摸三挤”的方法。首先目测泥鳅体格大小和形状。一般较大的泥鳅，在生殖季节雌鳅腹部膨大、柔软而饱满，并呈略带透亮的粉红色或黄色；生殖孔开放并微红，表示成熟度好、怀卵量大。雄泥鳅腹部扁平，不膨大，轻挤压有乳白色精液从生殖孔流出，入水能散开，镜检精子活泼，表示成熟度好。若要检查卵的成熟情况，则轻压雌泥鳅腹部，卵即排出，呈米黄色半透明并有黏着力的则是成熟卵；如需强压腹部才排出卵，卵呈白色而不透明，无黏着力的则为不成熟卵。初期过熟卵，卵呈米黄色，半透明，有黏着力，而受精后约1小时内逐渐变成白色。中期过熟卵，卵呈米黄色，半透明，但动物极植物极颜色白浊。后期过熟卵，原生质变白，极部物质变成黄色液体。

二、繁殖方法

生产中泥鳅繁殖分为自然繁殖和人工繁殖，自然繁殖又分全自然繁殖和半自然繁殖两种方法，人工繁殖又分为人工繁殖自然受精和人工繁殖人工授精两种方法。

（一）自然繁殖

自然产卵繁殖适于小规模生产。可以在泥鳅比较集中的地方设置鱼巢，诱使泥鳅在上面产卵受精，然后收集受精卵进行孵化。也可以通过专门建立产卵池、孵化池，创造人工环境，让泥鳅在专用池中自然交配产卵，并用鱼巢收集大量的受精卵，放入孵化池中进行孵化，可以取得很好的效果。

1. 全自然繁殖　又叫诱集繁殖，是利用泥鳅的自然资源，人工诱集其产卵群体并获得受精卵的方法。产卵季节，利用泥鳅喜在岸边水草丛中产卵的习性，选择环境僻静的水草区，先在浅水处投施两筐草木灰，然后在诱产区施猪、牛、羊等畜粪0.6～0.8千克/米^2。这样能诱集大量泥鳅到此区域的水草丛中产卵繁殖，但对此自然区域要采取相应的保护措施（防敌害等）。也可利用人工鱼巢收集自然水域中的受精卵，移到特定的容器中孵化，这样可提高孵化率。

2. 半自然繁殖　半自然繁殖是在人工条件下，让成熟的泥鳅自行交配产卵的方法，需要建造产卵池和孵化设施，繁殖之前，产卵池与孵化设备都要消毒备用。亲鳅的雌雄配比，如雄鳅个体较大按1∶2或1∶3，若雄鳅体长仅10厘米左右，则雌雄比可调整为1∶4，增加雄鳅的数量。每平方米可放7～10组，保证正常繁殖。水温稳定在18℃以上才能进行。将鱼巢绑扎在竹竿上，悬吊在产卵池的中间或四角，使鱼巢浸没在水面下。因泥鳅卵黏性差，要注意检查和清洗沉积在鱼巢上的污物，以免影响受精卵的黏附效果。

（1）产卵前的准备。

产卵池与卵巢的准备：产卵池可选用小面积土地或水泥池。开春后泥鳅繁殖季节之前，修整好鱼池，并在产卵池四周设置防鸟、防蛙和防逃设施。清塘消毒后注入新水，待池水药性消失后，施入经发酵的有机肥肥水，然后在池中均匀放置经消毒的棕片、柳树须根或水草等做的鱼巢。放置鱼巢后要经常检查并清洗上面的泥尘污物，以免泥鳅产卵时影响卵粒的黏附效果。

亲鱼入池：当池水温度上升到20℃左右时的晴天，将亲鱼按雌雄比1∶2～3的比例放入池中，每平方米放300克左右。

（2）受精卵收集。鱼巢用毛竹或木桩固定在产卵池四周或中央。水温20℃以下时，泥鳅往往在第二天凌晨产卵。5～6月水温较高时，泥鳅喜在雷雨天或水温突然上升的天气产卵。产卵从清晨开始，至上午10时左右结束，产卵需20～30分钟。水泥池中也可在鱼巢下设置承卵纱框以承接脱落下来的受精卵，以利受精卵集中收集、孵化。承卵纱框可用木制框钉上窗纱并拉紧，放入时用石块压住。附着了受精卵的鱼巢和承卵纱框要及时取出放入孵化池孵化育苗，以免被大量吞食。泥鳅卵黏性较差，操作时要分外小心，防止受精卵脱落。同时放置新的鱼巢，让尚未产卵的泥鳅继续产卵。

（二）人工繁殖

人工催产分为人工催产自然受精和人工催产人工授精两种。

1. 人工催产

（1）催产时机。人工催产是对亲鱼注射催产剂，然后根据当时的水温和季节掌握好效应时间，以便协调制备精液以及挤卵工作。

人工催产的时间往往比自然繁殖期晚 1～2 个月，一般在家鱼人工繁殖期的中期进行。如这时亲鳅培育池中的泥鳅食量突然减少，抽样检查可发现有的雌泥鳅腹侧已形成白斑点，表明人工催产时机已到。

（2）催产前的准备。

亲鱼准备：催产前需将亲鱼准备好，预先选择性腺成熟雌、雄亲鱼按配比放入不同的网箱或水泥池中待用。雌、雄泥鳅配比与个体大小有关，亲鳅体长都在 10 厘米以上时，雌、雄配比以 1∶2～3 为宜。如雄鳅体长不到 10 厘米时，雌、雄比应为1∶3～4。

用具、催产剂准备：催产用具预先消毒。用蒸馏水煮沸消毒，不能用一般自然水，因为自然水煮沸时容易在玻璃内壁形成薄层水垢，如果是玻璃注射器，容易导致注射器阻滞。消毒后的器具应放置有序，避免临用时忙乱、污染。注射器、针头、镊子等最好放置在填有纱布的瓷盘中加盖。亲鳅预先换清水，除去污泥脏物。

催产剂选择及用量：人工催产是对已达到适当成熟的亲

鱼（雌鱼卵巢处在Ⅳ朝末），在适当温度下通过催产剂作用，使鱼体内部发生顺利的连锁反应而达到产卵的目的。在这种情况下，卵膜吸水快，膨压大，受精率高，胚胎发育整齐，畸形胚胎少，孵化率高，最后所获苗种体格健壮，发育正常。当亲鱼成熟度和外界水温达到生殖要求后，催产剂的注射便是关键。

应正确选择催产剂的品种和用量。一般是使用自己熟悉的催产剂及其品牌，这样工作起来容易做到心中有数。一般选择注射催产药物有：鲤鱼脑垂体每尾鳅用 1～2 个，或绒毛膜促性腺激素（HCG）每尾注射 800～1 000 国际单位，或促黄体生成素释放激素类似物（LRH－A）每尾注射 80～150 微克。试验结果表明，以上催产药物单独使用没有与其他药物混合使用效果好：第一种是用 LRH－A 8 毫克/尾加上 HCG 500 国际单位/尾，催产效果好，催产率达 85%以上；第二种是用 LRH－A 5 毫克/尾加上地欧酮 3 毫克/尾，催产效果较好，催产率达 80%以上；第三种是 HCG 300 毫克/尾加上地欧酮 3 毫克/尾，催产效果最好，催产率达 90%以上。

表 2－3－2　不同剂量绒毛膜促性腺激素催产率

药物剂量（国际单位/千克体重）	催产尾数		产卵受精尾数		催产率（%）
20	12	47	11	47	91.67
25	12	47	12	47	100
30	12	47	12	47	100
35	12	48	11	48	91.67

催产剂除了能使亲鱼正常产卵排精外，还能在短期内促使亲鱼性腺成熟，所以用量一定要掌握好。催产剂用量的原则有以下几点：一是早期用量适当偏高，一般比中期用量高 95%左右。这是由于早期水温较低，生殖腺敏感度差些，常出现能排卵而不能产卵的现象。此时适当增加催产剂用量，就能加强对卵巢膜的

刺激，促进产卵。二是早期适当增加脑垂体用量，一般比中期用量高30%～50%。这是由于亲鱼早期成熟度差，增加脑垂体用量可在短期内促进卵细胞成熟。三是在整个生产过程，对成熟度差的雌鱼都可增加脑垂体。四是对腹部膨大的雄鱼，宜适当减少催产剂用量。五是避免脑垂体总量过大，以免引入较多异体蛋白而影响卵、精子的质量。雄鱼注射量根据催产季节和亲鱼成熟度确定，一般为雌鱼的一半。但在催产季节的中、后期，许多雄鱼在没有注射催产剂时，精液已很丰富，即使不作注射，也不致影响雄鱼发情和卵的受精率。此时如作注射，反会引起精液早泄而不利于受精。

催产剂要用生理盐水或林格氏液来配制。一般以每尾泥鳅注射量为0.1～0.2毫升为宜，如配制太稀，会造成注入鱼体量太多，对吸收或鱼体承受不利；如太浓，容易造成针头阻塞或一旦注射渗漏，失去有效注入剂量太多。

配制催产剂的量要根据泥鳅数量（适当放量）来估计，因为操作时不可避免地会有损失。药液最好当天用完，如有剩余则贮存在冰箱冷藏箱中，一般3天内药效不会降低。也可将药液装瓶密封，挂浸在井水之中第二天再用。如怀疑药效有降低，则可用来注射雄鱼，不至于浪费。

（3）注射催产。催产剂注射后有一个效应时间。效应时间是指激素注射后至达到发情高潮的时间。效应时间长短与成熟度、激素种类、水温等有关。因此，可根据催产后亲鳅所在环境水温的高低，推算达到发情产卵的时间，以便安排产卵后的工作。

表2-3-3　效应时间与水温的关系

水温（℃）	效应时间（小时）
20	15～20
21～23	13
25	11
27	7～8

注射方法：泥鳅个体小，多采用 1 毫升的注射器和 18 号针头注射。每尾注入 0.2 毫升（雌鱼）或 0.1 毫升（雄鱼）的药液。泥鳅滑溜，较难用手持住操作，故注射时需用毛巾将其包裹，掀开毛巾一角，露出泥鳅注射部位。注射部位一般是腹鳍前方约 1 厘米地方，避开腹中线，使针管与鱼体呈 30 度角，针头朝头部方向进针，进针深度 0.2～0.3 厘米。也可采用背部肌肉注射。为了准确掌握进针深度，可在针头基部预先套一截细电线上的胶皮管，只让针头露出 0.2～0.3 厘米。为便于操作，可将泥鳅预先用 7%的丁卡因或含 0.1 克/毫升 S-222 的麻醉液，浸泡麻醉后再行注射。为了催产效果更好，以每天下午 6 时左右安排催产剂注射较好。

2. 自然受精　注射催产剂后的亲鳅可放在产卵池或网箱中进行自然交配受精。将预先洗净消毒扎把的鱼巢布设在产卵池或网箱中。网箱规格一般为 2 米×1 米×0.5 米，每只网箱放亲鳅 50 组。雌、雄泥鳅在未发情之前，静卧产卵池或网箱底部，少数上下窜动。接近发情时，雌、雄泥鳅以头部互相摩擦呼吸急促，表现为鳃部迅速开合，也有以身体互相轻擦的。雌鱼逐渐游到水面，雄鳅跟上追逐到水面，并进行肠呼吸从肛门排出气泡。当一组开始追逐，便引发几组追逐起来。如此反复几次追逐，发情渐达高潮。当临近产卵时，雄鳅会卷住雌鳅躯体，雌鱼产卵、雄鱼排精。这时雄鳅结束了这次卷曲动作，雌、雄泥鳅暂时分别潜入水底。稍停后，开始再追逐，雄鳅再次卷住雌鳅，雌鳅再产卵、雄鳅排精。这种动作要反复进行 10～12 次之多，体形大次数可能会更多。由于雌、雄泥鳅成熟度个体差异以及催产剂效应作用的快慢不同，同一批亲泥鳅的这种卷体排卵动作间隔有长有短。据观察，水温 25℃时，有些泥鳅卷体时间间隔 2 小时 20 分钟之多，有的 20 分钟，短的仅 10 分钟左右。

表 2-3-4　不同水温、雌雄比催产、孵化情况对比

水温（℃）	重量（千克）	雌雄比	产卵量（万粒）	受精率（%）	出苗（万尾）	孵化率（%）
21.2	147	1∶1.5	89	39	25.6	72
23.6	382	1∶1.8	288	78	160	71
24.7	403	1∶2.2	427	85	323	89

每尾雌泥鳅一个产卵期共可产卵 2 000～5 000 粒（表 2-3-5）。卵分多次产出，一般每次产 200～300 粒。受精卵附着在鱼巢上，如鱼巢附着的卵较多时，应及时取出，换进新的鱼巢。泥鳅卵的黏性较差，附着能力弱，容易脱落，因此可在产卵池中的鱼巢下设置可浮性纱框，承接落下的受精卵，以便提高孵化率。产卵结束后，将亲泥鳅全部捞出，受精卵在原池或原网箱或其他地方孵化，避免亲泥鳅吞食受精卵。

表 2-3-5　不同体长泥鳅的怀卵量

体长（厘米）	8	10	12	15	20
卵粒（粒）	2 000	7 000～10 000	12 000～14 000	15 000～20 000	25 000

3. 人工授精　由于泥鳅是分批产卵的，让其自然产卵受精产卵率和受精率往往不高。如采用人工授精，可获得大批量受精卵，较自然受精好得多。人工授精时要在室内，避免阳光直射。人工授精的关键是适时授精，否则会影响受精率和孵化率。

临近效应时间，要经常检查亲鱼的活动情况，如发现泥鳅在水面追逐激烈、鳃张合频繁、呼吸急促时，说明发情高潮来临。轻压雌鱼腹部，有黄色卵子流出并卵粒分离，说明授精时机已到，应迅速进行人工授精。

人工授精一般有湿法和等渗法两种，小规模生产时采用湿法授精，大规模生产常采用等渗法授精。

（1）湿法授精。把适量精液放在瓷碗中，左手用纱布抓住雌鱼，然后用右手拇指由前向后轻压腹部使之排卵。另一人持针筒吸取精液射到卵上，再用羽毛搅拌，使精液与卵粒混匀，随即将

受精卵撒在水中的鱼巢上。

（2）等渗法授精。在500毫升的烧杯中装400毫升林格氏液，尽快将卵挤入其中，从开始挤卵时就用羽毛不断搅拌，经过4～5分钟后，倒掉原来的林格氏液，加入新的林格氏液，用同样的方法处理，并去除血污等物。把配好的精液直接注入盛有卵的烧杯中，用羽毛搅拌，使精卵充分混合，待其受精后，将受精卵撒在鱼巢上。受精卵撒上巢的方法是，取清水一桶，将鱼巢平铺桶底，然后一人轻轻抖动鱼巢，同时搅动水体，另一人将受精卵徐徐倒入桶中，使受精卵均匀上巢，上巢后再转入到孵化池中孵化。

（三）孵化

孵化是将泥鳅受精卵放入孵化工具内，根据泥鳅胚胎发育的特点，创造适合受精卵发育的有利条件，使鱼卵变成鳅苗的过程。

1. 泥鳅的胚胎发育　卵子受精以后，原生质即向卵黄的一端移动形成胚盘。水温18℃左右时，受精后2小时左右开始第一次分裂，不久即进行第二次分裂进入四胞期，也有个别受精卵已完成第三次分裂进入八胞期。受精后7小时左右，水温19.5℃时进入桑椹期，有时已发育到囊胚朝。受精后11小时左右，水温17℃时，细胞逐渐下包，进入原肠初期的已发育到原肠中期。受精以后28小时左右，水温14℃时，胚体形成，但尚末出现肌节。受精后35小时左右，胚胎上形成13个肌节，眼泡出现，尾部出现Kupffew氏泡。受精后36小时左右，肌节增多到17节，耳囊出现；有的已有22个肌节，肌肉能够轻微收缩，卵黄囊成为梨形。受精后48小时左右，心脏形成，每分钟收缩94次，有少量血液，但血管尚未形成。头部嗅囊长成，尾部脱离卵黄囊，能来回摆动。再经过2小时，鳅苗即从卵膜中孵出。

2. 鳅苗的发育　受精卵经过48小时左右以后，鳅苗从卵膜内孵出，全长3～7毫米，肌节共40节：躯干部27节；尾部13节。背部具有稀疏的黑色素。卵黄囊前端上方有胸鳍的胚芽。卵黄囊前端和头部具有孵化腺。吻端具有黏着器官，鳅苗借以使身体悬挂在水草或石块上。血管系统已形成，居维氏管在卵黄前端，比较粗大，因此和水的接触面也较大，起呼吸作用。

水温平均23℃时，孵出后8小时左右，鳅苗全长达41毫米，全身稀疏散布有较粗的黑色素，眼睛上方边缘也出现少数黑色素。口裂出现，但是上下额尚不能活动。口角上发生第一对触须的芽胞。鳃盖形成，鳃丝伸出鳃盖外面，形成外鳃，居维氏管缩小，胸鳍逐渐扩大。

孵出后33小时，鳅苗全长达4.6毫米。身体黑色素增加，头部背面及两眼间形成几块平板状的黑色素。卵黄囊逐渐缩小，位于卵黄前端的居维氏管也随着缩小，外鳃继续伸长。口下位，开始能够活动，口角出现第二对须，第一对须逐渐延长。颌骨上具有细齿。胸鳍基部垂直，能够来回扇动。孵出后58小时左右，鳅苗全长5.3毫米，体侧中线上下有2行整齐的黑色素。第三对口须出现，须上呈现枝状突起，上颚、下颚及头部的腹面，同样出现枝状突起，同时在身体两侧出现许多排列不规则的感觉刚毛，鳃盖延伸到胸鳍基部，鳃丝仍伸出在鳃盖外面。鳔已出现。胸鳍显著扩大，鳍褶上形成许多细小的血管。卵黄囊接近消失，鳅苗已开始摄食轮虫等食物。黏着器宫消失，鳅苗已能游动。

孵出后171小时左右，鱼苗全长8毫米。胸鳍极度扩大，长1.3毫米，上面满布血管，形成血管网，鳍褶上的血管也逐渐增多，肠动脉和肠静脉之间也有许多细小的血管。外鳃缩到鳃盖里面。脊索末端往上方弯曲，尾鳍条开始出现。有须4对，上面仍有许多分支，卵黄囊全部消失，肠管内充满食物。孵出后291小时左右，鳅苗全长11毫米，胸鳍显著缩小，上面的血管网也随着缩减，鳍褶上的血管也逐渐减少，鳃已发育完整，形成许多鳃瓣。肠上细血管仍很多。第五对须生成，鳔呈圆形。尾鳍条增多。背缩条和臀鳍条均已发生。

孵出后 21 昼夜，鱼苗全长 15.7 毫米。形态和成鳅相仿。身体上黑色素细胞靠紧，形成许多不规则的黑斑点。胸鳍再度缩小，上面的血管网消失。背鳍、臀鳍从鳍褶中分离，腹鳍呈三角形，但是还没有鳍条。鳍褶接近消失，上面的血管网也已消失。

孵化适宜水温 20～28℃，水温与孵化时间长短和孵化率有很大关系，水温 22～24℃时约 48 小时脱膜，24.5～27℃时约 31 小时脱膜。水温低，孵化率低；水温高，孵化率高。水温 15℃时孵化率为 80%，20℃时为 94%，25℃时为 98%。

3. 孵化方式 泥鳅受精卵孵化方式有静水孵化和流水孵化两种。

（1）静水孵化。把粘有受精卵的鱼巢放入孵化池、孵化网箱或产卵池内孵化，水质要清新。每升水可放受精卵 400～600 粒，注意防止受精卵挤压在一块。发现受精卵相互挤压，要用搅水的方法或用吸管使之分离开来，以避免因缺氧而影响孵化率。

（2）流水孵化。用流水或微流水孵化，是把受精卵放在孵化缸、孵化箱或孵化环道中进行孵化，具体又有以下两种方法：①附巢流水孵化：受精卵附在鱼巢上，放入孵化设施中进行微流水孵化。水流速度以不冲落附在巢上的卵为宜，每升水可放 800～1 200 粒卵。②去巢流水孵化：受精卵脱黏或不脱黏，掌握好流速放入孵化设施中孵化，一般每升水放 800～1 200 粒。孵化水温变化控制在 3℃以内。孵化适宜水温 18～31℃，最适水温24～26℃。孵化时间随水温高低而不同，呈负相关关系。孵化率的高低，以同一批卵进行对比，水温 15℃时为 80%，20℃时为 94%，25℃时为 98%。这里着重介绍孵化池流水孵化。

4. 孵化前的准备 孵化池 5 米^2 左右，池深 0.6 米，池边设有出、入水管。水泥池使用前 30 天左右，用水浸泡并冲刷多次去除池壁的碱性，经曝晒后待用。孵化前半个月左右将孵化池用生石灰彻底消毒，待药效消失后再进水 40 厘米。把粘满卵粒的鱼巢坠入孵化池的水面下，以 2 万～3 万粒卵/米^2 为宜；室外池孵化时，池顶需用遮阳网遮阴，避免强光照射。泥鳅的受精卵在水温 20～38℃都能正常孵化，一般 2 天左右可孵出鳅苗。

5. 孵化管理　同一孵化池应放入相对集中在同一时间内产出的受精卵。孵化率的高低除了和雌、雄泥鳅成熟度有关外，还和水质、水温、溶氧、水深、光照等因素有关。

（1）保持水质清新。河水、水库水、井水、澄清过滤后的鱼塘水及经曝气后的自来水、地下水等均可作为孵化用水。孵化用水尤其是用孵化缸、孵化环道进行孵化的孵化用水，要求水质清新，富含溶氧，无任何污染，pH 中性。

（2）水温调控。最适孵化水温 25～28℃，过低、过高均会影响孵化率及成活率，会增加畸形率和死亡率。为避免胚胎因水温波动引起死亡，孵化用水温差不宜超过 3℃。如是井水和地下水等，应预先贮放在池中，既曝气增氧，又可使水温和孵化用水接近。孵化适宜水温 20～28℃，最适水温 25℃。水温 24～25℃时约 30～35 小时出苗，水温 20℃左右时 3～4 天可出苗。

（3）控制光照。泥鳅属底栖鱼类，喜在阴暗遮蔽环境中生活，所以孵化环境应有遮阳设施，这样可避免阳光直射而引起畸变和死亡，提高孵化率。

（4）保持充足的溶氧。胚胎发育过程中，受精卵对溶氧变化较为敏感。溶氧要求在 6 毫克/升以上，尤其在出膜前期，对溶氧要求更高。生产中采用预先充气增氧后进行浅水、微流水的孵化效果比深水、静水要好，但在增氧流水时应避免鱼巢上受精卵脱落堆集粘上泥沙而影响孵化率。所以鱼巢孵化时要求水深20～25 厘米，尽量少挪动鱼巢，以免受精卵大量脱落。可采用纱框承卵方法，承接脱落受精卵后进行纱框漂浮孵化。为满足受精卵对溶氧的需求，孵化密度不能太高，如有流水则可提高孵化密度。

（5）控制水量。正常孵化过程中，水流控制一般采用“慢—

快一慢”的方式。在孵化缸中，受精卵刚入缸时水流只需调节到能将受精卵翻动到水面中央即可，大约 20 分钟左右能使全部水体更换一次。孵化环道中则以见到卵冲至水面为准，水流量应控制在微流水状态，确保鱼卵在水池中由下向上翻起、到接近水面时逐渐向四周散开，即控制流速 0.1 米/秒，大约 30 分钟可使水体更换一次。胚胎出膜前后必须加大水量，流速增加到 0.2 米/秒，这时增加到孵化缸每 15 分钟全部水体更换一次。全部孵后，水流适当减缓，当苗能平游时水流进一步减小，以免幼弱的鳅苗耗力太大。

（6）清洗除污。经常洗刷滤网，清除污物。出膜阶段及时清除过滤网上的卵膜和污物，保持水流畅通。

（7）病害防治。为防止卵子发生水霉病，定期用药液浸洗鱼巢。当仔苗全部出膜后，应迅速把死卵捞出，以免死卵腐烂后造成水质恶化而殃及鳅苗。

（8）及时取出鱼巢。鳅苗孵出后往往先躲在鱼巢中，游动不活跃，之后渐渐游离鱼巢。这是可荡出鱼苗，取出鱼巢，洗净卵膜，除去丝须太少的部分，重新消毒扎把备用。刚孵出的泥鳅苗体长 3 毫米，不能自由活动，吸附在鱼巢及池壁上。鳅苗孵出后应继续在原池内用缓流水暂养，刚孵化出来的泥鳅苗靠吸收卵黄的营养维持生命，3 天后开始游动，此时可取出鱼巢。

第四节　鳅苗培育

待大部分仔鱼卵黄基本消失后，开始向池内投喂煮熟的用纱布过滤后的蛋黄，以每天万尾鳅苗 1 个蛋黄为准。连喂 2～3 天后，泥鳅的肌节明显，胸鳍显著，摄食较为活跃. 孵出第 4 天的鳅苗，体长约 6 毫米。待鳅体颜色由黑转为淡黄色时，即转入育苗池中培育。

一、培育方法

目前有施肥培育法、豆浆培育法和混合培育法三种，实际生产中通常采用施肥和投饲相结合的混合培育法。

（一）施肥培育法

根据泥鳅喜肥水的特点，鳅苗最好的开口饵料是小型浮游动物，如轮虫、小型枝角类等。采用施肥法，施用经发酵腐熟的人畜粪、堆肥、绿肥等有机肥和无机肥培育水质，以繁育鳅苗喜食的饵料生物。一般在水温 25℃时施入有机肥后 7～8 天轮虫生长达到高峰。轮虫繁殖高峰期往往能维持 3～5 天，之后因水中食物减少，枝角类等侵袭及泥鳅苗摄食，其数量会迅速降低，这时要适当追施肥料。轮虫数量可用肉眼进行粗略估计，方法是用一般玻璃杯或烧杯，取水对阳光观察，如估计每毫升水中有 10 个小白点，轮虫为白色小点状，表明该水体每升含轮虫 10 000 个。水质清瘦可施化肥快速肥水，水温较低时每 100 米^2 水体每次施速效硝酸铵 200～250 克，水温较高时则改为施尿素 250～300 克。一般隔天施一次，连施 2～3 次，以后根据水质情况进行追肥。施化肥的同时，结合追施鸡粪等有机肥料，效果会更好。水色调控以黄绿色为宜，水色过浓则应及时加注新水。除施肥之外，尚应投喂麦麸、豆饼粉、蚕蛹粉、鱼粉等饲料。投喂量占在池鳅苗总体重的 5%～10%。每天上、下午各投喂一次，根据水质、气温、天气、摄食及生长发育情况适当增减。

（二）豆浆培育法

豆浆不仅能培育水体中的浮游动物，而且可直接为鳅苗摄食。鳅苗下池后每天泼洒两次。用量为每 10 万尾鳅苗每天用 0.75 千克黄豆的豆浆。泼浆是一项细致的技术工作，应尽量做到均匀。如在豆浆中适量增补熟蛋黄、鳗料粉、脱脂奶粉等，对鳅苗的生长有促进作用。为提高出浆量，黄豆应在 24～30℃的温水中泡 6～7 小时，以两豆瓣中间微凹为度。磨浆时水与豆要一起加，一次成浆。不要磨成浓浆后再对水，这样容易发生沉淀，一般每千克黄豆磨成 20 升左右的浆。每千克豆饼磨 10 升左右浆。豆饼要先粉碎，浸泡到发黏时再磨浆。磨成浆后要及时投喂。养成 1 万尾鳅种约需黄豆 5～7 千克。

以上两种方法饲喂两周之后，就要改为以投饵为主。开始可撒喂粉状配合饲料，几天后将粉末料调成糊状定点投喂。随泥鳅长大，再喂煮熟的米糠、麦麸、菜叶等饲料。拌和一些绞碎的动物内脏则会使鳅苗长势更好。这时投喂量也由开始占体重的 2%～3%逐渐增加到 5%左右，最多不能超过 10%。每天上、下午各投喂一次。通常凭经验以泥鳅在 2 小时内能基本吃完为度。

为了提高苗种成活率，必须满足泥鳅苗开口饵料的供应。泥鳅苗在卵黄消失后的 1 个多月内，主要以水中的轮虫和水蚤为食。所以最好的方法是专池培育轮虫、水蚤等浮游动物，来保证泥鳅苗所需饵料的供应。育苗池使用前半个月，先用生石灰 0.2 千克/米^2 带水清塘消毒，池底铺 10～12 厘米的腐熟粪肥作基肥，再注入新水 30 厘米，待水色变绿色，透明度保持在 15 厘米，可放入泥鳅苗进行培育，一般放养密度为 1 000 尾/米^2。应沿池边投喂轮虫、水蚤等浮游动物。

二、鳅苗培育

刚孵出的泥鳅，身体透明，不能自由活动，只能用头部的吸附器附在鱼巢或其他物体上，以腹部的卵黄为营养。经过 3 天左右，卵黄被吸收完，苗体才能游动并开始摄食，此时应将其转移到鳅苗池饲养。培育泥鳅苗种，土池比水泥池更好，因土池能更好地培育浮游生物，可为泥鳅苗种提供更适口的开口饵料，土池水质比水泥池更加稳定。下面介绍生产中最常用鳅苗混合培养法。

（一）清塘放苗

鳅苗培育池 20～50 米^2，水深 30～40 厘米。鳅苗下塘前 15 天左右，排干池水，曝晒 4～5 天，再用生石灰消毒（每平方米用 50～75 克），然后注入约 20～30 厘米深的新水。施生石灰后约 7 天药性消失，放入牛粪、猪粪等畜粪肥，每平方米 0.5 千克左右。过 3～5 天，即可放鳅苗入池。静水池每平方米 1 000 尾左右，微流水或网箱饲养每平方米 2 000 尾左右，放养规格要整齐。

（二）投饵施肥

鳅苗投喂煮熟研碎的蛋黄、鱼粉或豆饼粉糊，一日 3～4 次。饲养 3～5 天后改喂水蚤、轮虫、捣碎的丝蚯蚓或蚕蛹。经过 10 天左右的培育，鳅苗长到 1 厘米左右时，已经能摄食水中的昆虫幼虫、枝角类及有机碎屑等，可投喂打碎的动物内脏、血粉和豆饼等。每天上下午各投一次。开始时每日投喂量占体重的 2%～5%，以后可增加到 8%～10%。泥鳅苗放入池塘后要勤施肥。水温低时，每立方米水每次施速效硝酸铵 2 克；水温较高时每立方米水施尿素 2.5 克。一般隔天施一次，连续施 2～3 次，以后则根据水质肥度调节施肥浓度与间隔。施化肥的同时结合施有机肥，效果更好。

鳅苗可在孵化池或孵化槽中直接培育。刚孵出的鳅苗体长 3 毫米，不能自由活动，用头部附着在鱼巢或其他物体上，以卵黄为营养。孵化后 44 小时，体长 3.8～4.1 毫米，卵黄囊基本消失，开始摄食。鱼苗脱膜完毕后，应及时将鱼巢清除。鳅苗在不投饵的情况下，第 5 天开始死亡，到第 10 天全部死亡。因此，当鳅苗孵出 3 天后，每 10 万尾苗一天投喂一个捣碎经 80 目筛绢网过滤的熟蛋黄汁，或者投喂优质鱼粉。一日4～6次，投喂量以1小时内吃完为限。暂养1～2天后调整密度，水深30厘米时，放苗量2 000～4 000尾/米^2，并可改投水蚤、小轮虫、捣碎的丝蚯蚓和蚕蛹、豆浆等。培育10天后，当鳅苗长到1.5厘米时，即转入苗种池培育。若要在原池继续培育至3厘米规格，必须分疏培养。

（三）日常管理

1. 巡塘　黎明、中午和傍晚要坚持巡塘观察，主要观察摄食、活动及水质变化。如水质较肥，天气闷热无风时应注意鳅苗有无浮头现象。鳅苗浮头和家鱼不同，必须仔细观察才能发现。水中溶氧充足时，鳅苗散布在池底；水质缺氧恶化时，则集群在池壁，并沿壁慢慢上游，很少浮到水面来，仅在水面形成细小波纹。一般浮头在日出后即下沉，若是日出后继续浮头，且受惊后仍然不下沉，表明水质过肥，应立即停止施肥、喂食，并冲新水以改善水质增加溶氧。鳅苗缺氧死亡往往发生在半夜到黎明，应特别注意。饵料不足时，鳅苗也会离开水底，行动活泼，但不会全体行动，和浮头是容易区分的。如果发现鳅苗离群，体色转黑，在池边缓慢游动，说明身体有病，须检查诊治。如发现鳅苗肚子膨胀或在水面仰游不下沉，说明进食过量，应停止投饲或减量。

2. 水质管理　既要保持水色黄绿，有充足的活饵料，又不能使水质过肥缺氧。前期保持水位约30厘米，每5天交换一部分水。通过控制施肥、投饵来调节水色，千万不能过量投喂。随着鳅苗生长到后期，逐步加深水位达50厘米。

3. 调节水温　由于水位不深，盛夏季节应控制水温在30℃以内。可采用搭建荫棚、遮阳网、放置部分水生植物（如浮萍）、加注温度较低的水来加以调节。

4. 清除敌害　鳅苗培育时期天敌很多，如野杂鱼、蜻蜓幼虫、水蜈蚣、水蛇、水老鼠等，特别是蜻蜓幼虫危害最大。泥鳅繁殖季节与蜻蜓相同，在鳅苗池内不时可见到蜻蜓飞来点水（产卵），其孵出幼虫后即大量取食鳅苗。防治方法主要依靠人工驱赶、捕捉。有条件的在水面搭网，既可达到阻隔蜻蜓在水面产卵，又起遮阳降温作用。同时在注水时应采用密网过滤，防止敌害进入池中。发现蛙卵要及时捞除。

通过以上培育措施，一般 30 天左右鳅苗都能长成 3 厘米左右的鱼种。当鳅苗大部分长成了 3～4 厘米的夏花鱼种后，要及时分养，进入鳅种培育阶段，以避免密度过大和生长差异扩大，影响生长和成活率。分塘起捕时发觉鳅苗体质较差时，应立即放回强化饲养 2～3 天后再起捕。分养操作具体做法是，先用夏花网将泥鳅捕起集中到网箱中，再用“泥鳅筛”进行筛选。“泥鳅筛”长和宽均为 40 厘米，高 15 厘米，底部用硬木做栅条，四周以杉木板围成。栅条长 40 厘米、宽 1 厘米、高 2.5 厘米。分塘操作时手脚要轻巧，避免伤苗。

第五节　鳅种培育

泥鳅苗经 1 个多月的培育，长至 3 厘米左右已开始有钻泥习性，这时可以转入成鳅池中饲养。为提高成活率，加快生长速度，也可以再饲养 4～5 个月，长成体长 6 厘米、体重 2 克以上的大规格泥鳅种时，再转入成鳅池养殖，这个阶段就是鳅种培育阶段。如果泥鳅卵 5 月上、中旬孵化，到 6 月中、下旬便可以开始培育鳅种。7～9 月则是培养鳅种的黄金时期。也可以用夏花泥鳅分养后经 1 个月左右培育成 5 厘米的鳅种，然后转入成鳅养殖池养殖商品鳅。

一、鳅种培育池及环境条件

为管理方便，鳅种培育池可选用 30～50 米^2 水泥池，也可选用面积在 670 米^2 以下的土池。实践证明，土池培育比水泥池好，水泥池铺土培苗比不铺土的好。因为底层土壤有利于加速水体的物质循环，使各种营养物质得到充分利用，有利于底栖生物的生长繁殖。

利用土池饲养泥鳅苗，池埂、池底都应锤打坚实，以防渗漏。严密防逃，池的进出口必须安装拦鳅设备。池中要挖鱼溜，池水深 20 厘米，鱼溜水深 30～50 厘米。鱼苗放养前半个月，先将池水排干暴晒 1～2 天，然后用生石灰清塘。再放入 20 厘米左右的新水，每亩施有机肥 200～300 千克培养饵料生物，当水色变为黄绿色时投放鳅苗。鳅苗下水以前必须先用鳅苗试水，证实池水毒性完全消失后才能投放鳅苗。

如果用新建的水泥池饲养泥鳅苗，放苗前一定要用清水反复浸泡冲洗，除去灰质，不然水泥中碱性物质消除不净，会伤害鳅苗。还应在水泥池底铺上 10～15 厘米厚的肥泥。泥土下池前必须进行消毒，放养鳅苗时，水泥池一般每立方米水体用 1 克漂白粉消毒。

池水以黄绿色为好，鳅苗在孵化后半个月左右即开始行肠呼吸以前，水中溶量必须充足，这时如果水中溶氧不足，往往出现鳅苗因缺氧在一夜之间全部死亡。鳅苗生长适宜水温 20～30℃，33℃以上时死亡率急剧增加，达到 36℃时死亡率可达 70%以上。

二、放养前的准备

1. 清塘消毒 每 100 米^2 用生石灰 9～10 千克清塘消毒。方法是在池中挖几个浅坑，将生石灰倒入加水化开，趁热全池泼洒。第二天用耙将塘泥与石灰耙匀后放水 20 厘米左右。经 7～10 天后待生石灰药力消失，放几尾试水鱼，1 天后无异常，即可放苗。

2. 开口饵料培育 一般在放苗前 5～7 天施经消毒发酵的有机肥料 0.5 千克/米^2，为鱼苗培育丰富的天然适口饵料，提高苗种成活率。

三、鳅苗的放养

（一）鱼苗优劣的判别

鱼苗质量好坏直接影响到运输和养殖的成活率。应挑选体质好的鱼苗，方能保证运输及饲养中的成活率。鱼苗优劣可参考以下几方面来判别：①了解该批苗繁殖中的受精率、孵化率。一般受精率、孵化率高的批次，鱼苗体质较好。②好的苗体色鲜嫩，体形匀称、肥满，大小一致，游动活泼有精神。③装盛少量苗在白瓷盆中，用口适度吹动水面，其中顶风、逆水游动者强；随水波被吹至盆边者弱，如强的为多数则优。④盛苗在白瓷盆，沥去水后在盆底剧烈挣扎，头尾弯曲厉害的强；鱼体粘贴盆边盆底，挣扎力度弱或仅以头、尾略扭动者弱。⑤鱼篓中的苗，略搅水成漩涡，其中能在边缘溯水游动者为强；被卷入漩涡中央部位，随波逐流者弱。⑥网箱中暂养时间太久的便会消瘦、体质下降，不宜长途转运。

（二）鳅苗的运输

泥鳅苗长途转运时必须用鱼苗袋并充氧，否则极易死亡。密封式充氧运输中，水中溶氧充足，一般掌握适当密度不会缺氧。鱼苗在运输中不断向水中排出二氧化碳、氨等代谢产物，由于不能向外散发，时间一长往往积累较高浓度，甚至引起鱼苗麻痹死亡。所以，塑料袋中鱼苗死亡有时不是因为缺氧，而是高浓度二氧化碳和氨等的协同作用引起的，这时应替换新水方能预防。充氧袋中不宜用池塘肥水，应选择大水面清新水体，如河、湖泊、水库水，水中有机物、浮游生物量要少，以减少耗氧和二氧化碳积聚。如用自来水则应预先在大容器中贮存 2～3 天，逸出余氯，或向自来水中充气 24 小时后再用。装运前一天装在网箱中，停止喂食，网箱放置清洁大水面中，让苗排除污物，以减少途中水质污染。袋中空气要排尽后再充氧。如是空运不宜将氧充得太足，以免飞机升空因气压变化而胀破塑料袋。天气太热时可在苗箱和塑料充氧袋之间加冰块。具体做法是，预先制冰，将冰装入小塑料袋并扎紧袋口，均匀放在苗箱中间，苗箱用胶带封口后立即发运。如果路程长、运输时间久，转运途中需开袋重新充氧，如水质污染严重，应重新换新水。

（三）鳅苗的放养

1. 放养密度 放养孵出 2～4 天的水花鳅苗，每平方米 800～2 000 尾，静水池宜偏稀，有半流水的池可偏密；放养体长约 1 厘米左右的小苗（10 日龄），每平方米 500～1 000 尾。

2. “缓苗”处理 如用塑料充氧袋运输的苗，放养时注意袋内、外温差不可大于 3℃，否则会因温度剧变导致鱼苗死亡。可先按次序将装苗袋漂浮于放苗的水体中，使袋内外水体温度接近后（约 20 分钟）再开袋放苗，向袋内灌池水，让苗从袋中游到预先放置的网箱中。

3. 饱苗放养 先将鳅苗暂养网箱半天，并喂给蛋黄水，按每 10 万尾投喂鸭蛋黄 1 个，饱苗放养可以加强鱼苗下池后的觅食能力和提高鱼苗对环境的适应能力，有效提高鱼苗下池的成活率。

四、饲养管理

（一）投饵管理

放养初期，只把鱼溜注满水，在鱼溜内投饵饲养，待鳅苗习惯以后，再加水到应有深度，使鳅苗分布全池。放养后的前10～15 天投喂粉状配合饲料，将饲料调成糊状投喂。随着鳅体的长大，逐渐掺加成鱼饲料，即将米糠、菜屑、小麦粉等植物性原料煮熟，加上鱼粉、动物内脏等动物性原料，剁碎后拌上配合饲料投喂，粉末状配合饲料应逐渐减少，1个月后就可以完全不用。值得注意的是，投喂人工配合饲料时，动物性和植物性饲料的比例应为6∶4。水温升高到25℃以上时，动物性饵料需增加到80%左右。

日投饵量随水温的高低而不同，一般日投饵量为鱼体重的2%～5%，最高达到10%。水温20～25℃时，日投饵量为2%～5%，水温25℃时，日投饵量为5%～10%。分上、下午两次投喂，以1～2小时内吃光为好。

（二）水质管理

饲喂期间要注意水质变化，经常注水，透明度15～20厘米，常施追肥保持肥水，保持池水黄绿色。当池水变成黑褐色时，应立即换水。生产中还要注意底质的变化，大量投喂会造成池底有机物的增加，因此必须定期使用底质改良剂改善底质。

（三）保持充足的溶氧

鳅苗孵出之后的半个月内尚不能进行肠呼吸，所以该阶段必须保证培育池水中有充足的溶氧，否则极有可能在一夜之间因泛池而死光。经过半个月左右饲养，鱼体逐渐长大至1.5～2厘米时，鳅苗的肠呼吸功能逐渐增强，但肠呼吸功能还未达到生理健全程度，所以这时投饵仍不能太足，蛋白质含量不宜太高，否则会因消化不良会产生有害气体，妨碍肠呼吸。

第六节　泥鳅苗种的稻田培育

一、稻田培育泥鳅夏花

1. 稻田培育泥选择　稻田在培育泥鳅夏花之前必须先经过清

整消毒。每 100 米^2 的稻田可放养孵化后 15 天的泥鳅苗2.5 万～3 万尾。通常可采取两种放养方式：一是先用网箱暂养，泥鳅苗 2～3 厘米后再放入稻田饲养。初期阶段泥鳅苗尚无活动能力，没有抵御敌害和细菌的能力，网箱培育便于管理，还可以防止敌害生物的进犯，可大大提高其成活率；二是把鳅苗直接放入鱼溜中培育，溜底衬垫塑料薄膜。饲养方法与孵化池培育相同。

2. 放养时间　根据各地气候情况灵活掌握，较温暖的地方在插秧前放养，较寒冷地方可在插秧后放养。

3. 饲养管理　鳅苗放养前期可投喂煮熟的蛋黄、小型水蚤和粉末状配合饲料。可将鲤鱼配合颗粒料以每万尾 5 粒的量碾成粉末状，每天投喂 2～3 次。为观察摄食情况，初期可将粒状饲料放在白瓷盘中沉在水底，2 小时后取出观察，如有残饵，说明投量过多，需减量；反之则需加量。开始必须驯饵，直至习惯摄食为止。10 天后检查苗情，如头部较大，说明饵料质或量不够。水温 25～28℃时，鳅苗食欲旺盛，应增加投喂量和投喂次数。每日可增加到 4～5 次，投饲量为鳅苗总体重的 2%。

饲养 1 个月之后，鳅苗达到 10～20 尾/克时，可投喂小型水蚤、摇蚊幼虫、水蚯蚓及配合饲料。投配合饲料时，以每万尾 10～20 粒鲤鱼颗粒料碾成的粉状料，每天投喂 2～3 次，并逐渐驯食天然饵料。

在培育中要定期注水增氧。投喂水蚤时，如发现水蚤聚集一处，水面出现粉红色时，说明水蚤繁殖过量，应立即注入新水。如鳅苗头大体瘦时，应适当补充饵料，如麦麸、米糠、鱼类加工下脚料等。同时每隔 4～5 天，在饵料培育池中增施鸡粪、牛粪和猪粪等粪肥，以繁殖天然饵料。

二、稻田培育泥鳅鱼种

1. 稻田的选择　培育鳅种的稻田不宜太大，挖有鱼沟、鱼溜设施。放养的夏花要求同块稻田规格一致。稻田在放养泥鳅鱼种前应先经清整消毒。

2. 鳅苗的放养　放养量为 25 000 尾/100 米^2。为了在较短时间内使泥鳅快速生长，鳅种应采取肥水培育法。具体做法是放养前每 100 米^2 先施基肥 50 千克。饲养期间，用麻袋装有机肥浸在鱼溜中作追肥，追肥量为 50 千克/100 米^2。除施肥外，同时投喂人工饲料，如鱼粉、鱼浆、动物内脏、蚕蛹、猪血粉等动物性饲料，以及谷物、米糠、大豆粉、麦麸、蔬菜、豆粕等植物性饲料。随泥鳅生长，在饵料中逐步增加配合饲料的比重。人工配合饵料可用豆饼、菜饼、鱼粉或蚕蛹粉和血粉配制成。饵料应投在食台上，切忌散投，否则到秋季难以集中捕捞。方法是将配合饵料搅拌成软块状，投放在离沟底 3～5 厘米的食台上，使泥鳅习惯集中摄食。平时注意清除杂草，调节水质，做好防病、防逃、防敌害等工作。当鳅苗长成全长 6 厘米以上、体重 5～6 克时，便成为鳅种，可转为成鳅饲养。

第七节　鳅种的运输

1. 运输前准备　鳅种在运输前需先拉网锻炼 1～2 次，运输前一天停止投喂饵料，装运前先将苗种集中于网箱内暂养 2～3 小时，令其排出粪便，减少体表分泌的黏液，以利于提高运输成活率。

2. 装运泥鳅的规格与密度　运输时盛水量为容器的 1/2～1/3。每升水的放种量要按鳅体的规格大小而定。一般体长1.2～1.4 厘米鳅种的运输密度为 3 000～3 500 尾/升，体长 1.5～2 厘米为 500～700 尾/升，体长 2.5～3.0 厘米为 300～350 尾/升，体长 3.5～4.0 厘米为 150～200 尾/升，体长 5～6 厘米为 120～150 尾/升。

3. 运输管理　运输中需注意容器内水体溶氧情况，如鳅种浮头则应及时换水。每次的换水量为总水体的 1/3 左右，温差不要超过 3℃。如途中换水有困难，可用击水物件在水面上下推动，或在容器内装一个充气头不间断增氧。运输路程较长时，应在运输途中及时捞出死苗，并用塑料管虹吸排尽水体中的粪便和剩饵。

第四章

成鳅养殖

泥鳅的成鱼养殖模式，主要是收购大规格苗种进行暂养，一年养殖 2～3 茬。目前，成鳅的养殖有水泥池专养、池塘养殖、稻田养殖、庭院养殖、网箱养殖、木箱养殖等方式。

第一节　水泥池专养

一、鳅池建造

选择日照充分、水源良好、温暖通风的地方建养鳅池，要求防旱防涝，水源清新，无工业、农业废水污染，交通便利。

鳅池长方形、方形、圆形或椭圆形均可，小的 30～100 米^2，大的 500～600 米^2。池深 1.0～1.4 米，注水深度 0.6～0.8 厘米。先按设计挖好土池，四周用水泥板或砖石砌成，池底和内壁用水泥抹平，池顶砌成向池中延伸的 Γ 形反边。在池中安装进水口、排水口和溢水口，进水口高于水面约 20 厘米；在养鳅池的另一端，进水口的对角处设排水口和溢水口，这样在进水、排水和溢水时，能使养鳅池中形成水流，充分换掉池中的老水，增加池中的新水。排水口要与池底铺设的黏土层等高或稍高，并在进、出水口加设用尼龙网片或金属网片制成的防逃网，防止泥鳅逃逸；溢水口设置于排水口上方，也要设置防逃网。修建好的养鳅池，池口应高于地面 90～95 厘米，防止下大雨时地面污水进入鳅池。养鳅池建好以后，先注水浸泡半个月，换水 2～3 次，使池壁中的碱性物质散发出来，然后准备放养鳅苗。放苗前，先在池中铺设20～30厘米厚的带有腐殖质的黏土层，以供泥鳅钻泥栖息。泥土必须经过曝晒充分氧化，下池前还要消毒，消灭泥土中的病虫害。如果是老池，则要清整鳅池，查堵漏洞，疏通进排水口管道，更换防逃网，翻晒池底淤泥等。不管是新建池还是老池，都要在池中排水口的一端开挖一个集鱼的鱼溜。鱼溜占全池面积的1/3左右，深30厘米，以供泥鳅在高温季节栖息和方便捕捉。为了让泥鳅定点摄食，必须在池中搭设食台。食台一般为芦席或竹篾，也可用尼龙布制成。食台最好设在鳅池中向阳的地方。搭设的方法是：将芦席或竹藤的四角间里折拢呈圆形，食台中央成内陷状，再用绳子把四角扎捆在四根木竹枝上。食台要靠近水底的位置，以适应泥鳅底栖生活和觅食的习性。

二、放养前的准备

1. 消毒 放养前15天在池中施生石灰，用量为每平方米100～150克，对鳅池彻底清池消毒，杀灭池中敌害生物和致病菌。

2. 培育生物饵料 7天后加注新水，蓄水深度20～30厘米，并在鳅池向阳一边堆施经过消毒发酵的有机肥作为基肥。基肥以家畜粪便等有机肥为主，施肥量为每平方米0.5千克，约3天后注入新水，将池水加至40～50厘米，使肥堆浸入水中。数天后池水变肥，池水透明度15～25厘米，池中出现水蚤等浮游动物，此时即可鳅苗下池。

三、鳅苗的放养

1. 放养时间 一般选择在晴天的下午进行，操作时动作要轻，防止损伤鱼体。

2. 鱼体消毒　鳅苗在下池前要进行严格的鱼体消毒，杀灭鳅苗体表的病原生物，并使鳅苗处于应激状态，分泌大量黏液，下池后能防止池中病原生物的侵袭。鱼体消毒的方法是：先将鳅苗集中在一个大容器中，用3%～5%的食盐水浸洗鳅苗10～15分钟，捞起后再用清水浸泡10分钟左右，然后再入养鳅池中，具体的消毒时间视鳅苗的反应情况灵活掌握。放苗时要注意将有病、有伤的鳅苗捞出，防止被病菌感染并使病源扩散，污染水体，引发鳅病。

3. 放养数量　放养量视鳅苗的规格、鳅池条件和饲养水平而定。鳅苗规格整齐，体质健壮，水源条件好，饲养水平高，则可适当多放。一般的放养密度为：规格5～6克/尾的鳅苗，放养密度为每平方米40～250尾；规格6～8克/尾的200～40尾。

四、饲料投喂

泥鳅为杂食性鱼类，饲料来源比较广。动物性饲料有蚕蛹、黄粉虫、鱼粉、骨粉、猪血、轮虫、蜘蛛、螺蛳、河蚌及动物内脏等；植物性饲料有米糠、麸皮、豆渣、各种饼粕、农副产品的加工废料以及蔬菜等；用作培育天然饵料的肥料有人粪、猪粪、牛粪等动物的粪肥以及化肥。如果有条件，也可投喂人工配合饲料。人工配合饲料的组成为：小麦粉50%，豆饼粉20%，菜饼粉10%（或米糠粉10%），鱼粉10%（或蚕蛹粉10%），血粉7%，酵母粉3%。投喂前将人工配合饲料对人一定量的水，料水比通常为1∶1，用搅拌机或手工搓制成团状或块状进行投喂。用上述方法配制的配合饲料具有一定的黏性和沉性，在水中不会很快散开，泥鳅的摄食利用率较高。

值得注意的是，泥鳅非常爱吃鱼肉，但如果在饲养时连续一个星期投喂单一的高蛋白质的动物性饲料，就会导致泥鳅在池中群集，并引起肠呼吸次数急剧增加。由于肠吸入的空气无法畅通排出体外，致使泥鳅浮于水面，群集在一起的泥鳅游动时容易被飞禽猎食，并互相擦伤，感染病菌，最后引起大量死亡。因此，人工饲养泥鳅要注意将高蛋白质的动物性饲料与植物性纤维饲料配合投喂，促进泥鳅消化。水温 20℃以下时，植物性饲料约占 60%～70%；水温 20～23℃时，动、植物性饲料各占一半；水温 23～28℃时，动物性饲料可占 60%～70%。

泥鳅的摄食量与水温的高低有关，泥鳅通常在水温为 15℃时开始摄食，摄食量为泥鳅体重的 2%左右；如果水温高于 30℃或低于 10℃，就会减食或停止摄食。一般的日投饲量应按水温的高低灵活掌握。3 月为泥鳅体重的 1%～2%；4～6 月为 3%～5%；7～8 月上旬为 10%～15%；8 月下旬到 9 月上旬为 4%～6%；9 月下旬为 8%左右；10 月为 2%～3%。

鳅苗在下池后的前几天，由于池水较肥，池中的天然饵料较多，可每天投喂一次。投喂选择在傍晚进行，以适应泥鳅在暗光条件下活动和觅食的习性。先将饲料全池均撒，然后逐渐将投饲点固定到食台附近，当鳅苗养成群体摄食的习惯后，即可将饲料均匀投放在食台上。投喂饲料要做到“四定”，即定时、定量、定质、定位。

定时：每天按时投喂饲料，便于观察泥鳅的活动和觅食状况。每天投喂 3 次，分早、中、晚三次投喂，上午 8～9 时、下午 2～3 时、晚上 7 时左右各投喂一次。其中晚上的投喂量应占到全天投喂量的 50%～60%。

定量：投饲量要科学合理，不能隔天投饲，也不能一次投喂全天的饲料量。要依据每天测得的水温，结合每天检查食台的情况，灵活确定每日的投饲量。如果发现食台上有剩余的饲料，则第二天少投；如果发现饲料全部吃完，则第二天应适当增加投饲量。

定质：投喂的饲料要新鲜，不能投喂腐败变质的饲料。发霉变质的饲料不仅营养成分流失，而且泥鳅吃后还会引发疾病；根据不同水温、不同生长时期投喂不同蛋白含量的泥鳅专用饲料，确保饲料的营养成分全面。

定位：饲料要投放在食台上，使泥鳅养成定点摄食的习性。泥鳅定点摄食不仅能形成抢食，增加泥鳅的摄食量，而且在防治鱼病投喂药饵时，能使池中的泥鳅均匀摄食，达到事半功倍的效果。

五、日常管理

水泥池饲养泥鳅，日常管理的重点主要集中在水质管理、食台管理、防逃、防病、防敌害和调节水温等几个方面。

（一）水质管理

水质的好坏，对泥鳅的生长发育至关重要。泥鳅虽然对环境的适应性较强，耐肥水，但是如果水质恶化严重，不仅影响泥鳅的生长，而且还会引发疾病。饲养泥鳅的水要求“肥而爽”，溶氧要大于2毫克/升，pH7.5左右。成鳅饲养，一般多采用投喂专用饲料方法进行饲养。由于泥鳅养殖产量较高，饲料投喂量较大，相对残饵和排泄物较多，水质变化快。如果发现池水过浓、发黑发臭，泥鳅不停地蹿出水面进行肠呼吸（即吞气）或浮头时，应及时加注新水，增加池水的溶氧量。一般每半月左右换水一次，夏天高温前每个星期换水一次，一次换水不能太多，一般控制在20厘米左右，换水时注意水温温差不能过大，温度变幅在5℃以内。换水后使用EM菌泼洒一次，用以改善水质，增加池水的溶氧和调节水温。定期用药物全池泼洒，杀灭池中的致病菌和调节水质，一般每半月左右用生石灰或漂白粉全池泼洒一次。用药和使用生物制剂分开进行，一般要求相隔5～7天，以免影响效果。每天早晚巡池和投喂饲料时，应检查和清扫食台，防止残饲败坏水质。在高温季节和低温季节要相应加深池水的深度，使池水的温度保持相对稳定。

（二）食台管理

每天或隔天应清扫食台一次，清除食台上的残饲，刷洗食台上的生物膜，定期对食场进行消毒，可用125克漂白粉化水对食场进行泼洒消毒（如果水泥池面积过小则相应减少用药量）。如果有条件，最好每半个月将食台取出清洗、消毒、曝晒，换上新的食台。

（三）“三防管理”

1. 防逃 泥鳅善逃，当进排水口的防逃网片破损，或池壁崩塌有裂缝外通时，泥鳅便会随水流逃逸，甚至可以在一夜之间全部逃光。另外，在下雨时，要防止溢水口堵塞，发生漫池逃鱼。

2. 防病 泥鳅在饲养过程中发病很少，但是，当水温过高或过低、水质败坏严重、投喂的饲料腐败变质或营养不全时，也会发生疾病。一旦发生疾病，不但增加成本，而且会影响泥鳅的正常生长，因此在饲养过程中，对鳅病应以预防为主。预防疾病发生主要有以下几个方面：一是在鳅苗下池前进行严格的鱼体消毒，避免被病原体感染；二是定期加注新水，使用生物制剂，调节池水水温，改良池水水质，增加池水溶氧，减少疾病的发生；三是定期投喂药饵，防止疾病的发生和蔓延；四是定期用无公害药物全池泼洒消毒，杀灭池中的致病菌，使用生石灰；五是捕捞运输过程中规范操作，避免使鱼体受伤，引发疾病；六是在每天巡池时要注意观察，如果发现池中有病鱼死鱼要及时捞出，查明发病原因，及时采取治疗措施，对病鱼和死鱼要采取焚烧或深埋的方法进行处理，避免病源扩散。

3. 防敌害 泥鳅的敌害生物种类很多，如鲶鱼等凶猛肉食性鱼类，鸭子、翠鸟等水禽，蛇、鼠、蛙、猪等。泥鳅个体小，极易被敌害生物猎食，因此在饲养过程中，要坚持早晚巡池，杀灭和驱赶敌害生物。泥鳅的敌害生物除了上述猎食性敌害生物外，还有另一种争食性敌害生物——蝌蚪。蝌蚪在鳅池中不仅吞食池中的天然饵料、争食人工投喂的配合饲料，而且还会集群摄食，搅乱泥鳅的摄食；其中虎纹蛙的蝌蚪还能吞食鳅苗，危害性很大。在巡池时如发现饲养池中有蛙卵或蝌蚪时，应及时将其捞出，投放到自然水体中。

（四）调节水温

夏季高温季节水温过高时，泥鳅便会减少摄食或停食，常潜入池底泥中避暑，影响泥鳅的正常生长。此时要定期加注新水，降低池水水温，但要注意每次注入的新水水温差不能超过 5℃；另外也可在池中一边或四角栽种藕、茭白等挺水植物，在池中放置一定比例的浮萍。

（五）收捕

经过 4～5 个月饲养，泥鳅体重 10 克以上，达到上市规格要求，此时即可将池中的泥鳅收捕起来，集中暂养上市。

第二节　池塘养殖

在池塘中饲养泥鳅，单产水平较高，是目前采用最多的一种养殖方式。

一、池塘条件

饲养泥鳅的池塘应以东西长、南北宽的长方形，长宽比为 2∶1 或 3∶1，要求日照充足、温暖通风、注排水方便、交通便利，池塘底质为腐壤土，带中性或弱酸性。面积可大可小，一般为 300～1 500 米²，不宜超过 2 000 米²，水深保持 0.4～0.5 米，池底保持 15 厘米左右淤泥。

在放养鳅苗前，应对池塘进行清整改造和消毒。在池中设进水口和排水口，进排水口用 120 目防逃网过滤，以防泥鳅逃跑和野杂鱼类进入池塘，影响饲养效果。防逃网的材料可用尼龙网片或铁丝网制成。清除池埂上的杂草，池埂要夯实，不能有小洞外通；有条件的可在池埂上修建护坡，或者用水泥板或塑料板在池埂上围造；池埂应高出水面约 40 厘米，防止泥鳅在雨天逆水逃逸。周围用密眼网片、盖塑板等做围板，以防蛇鼠等敌害进入养殖区。池底应整平夯实，略向排水口一端倾斜，并在排水口处开挖一个面积约占全池面积 1/5～1/3、深 30～50 厘米的鱼溜，以便在高温季节泥鳅钻泥避暑和在捕捞时集中池中的泥鳅，减小劳动强度；在池底铺上一层腐殖质较多的黏土层，上面再铺一层淤泥。如果池塘中淤泥过厚，则应清除过多的淤泥，使淤泥深度保持在 30 厘米以内。

池塘中四角或对角处，应搭设 1～4 个固定的食台。制作食台的材料可用网片、木板、竹篾席等制成，面积 5～8 米²。食台的四角用竹竿捆扎固定，插在离池底约 10 厘米处即可。

二、放养前准备

1. 清塘消毒 放苗前 10 天左右用生石灰或漂白粉清塘消毒，杀灭池中的致病菌、野杂鱼和敌害。施用生石灰时，将池水排干或保持水深 6～10 厘米，每亩用 75～150 千克，化水全池泼洒，然后灌水 20～40 厘米；施用漂白粉可带水清塘，每立方米水体用 20 克漂白粉，化水全池泼洒。

2. 培育生物饵料 清塘后再在池塘四角和鱼溜中堆放经过发酵腐熟的混合有机肥，如猪粪、牛粪、鸡粪等，培育池塘中天然饵料生物的繁殖，使鳅苗一下塘便可摄食到天然饵料。有机肥的施用量为每亩150～250千克。施肥后7～10天左右，池水毒性消失，池水变肥，池中天然饵料生物如枝角类、桡足类等出现，水体透明度达到20～25厘米，即可投放鳅苗。

三、鳅苗放养

1. 放养密度　池塘饲养泥鳅，鳅苗的放养量与鳅苗规格、池塘条件、饲料来源和饲养水平等因素有关。规格为400尾/千克左右的鳅苗，一般每亩放养量为30 000～35 000尾；规格为300尾/千克左右的放20 000～30 000尾。如果放养150～200尾/千克大规格苗种20 000～25 000尾，一年可以生产2～3茬，生产中常采取这种方法。

2. 鱼体消毒　鳅苗在下池前，要进行严格的鱼体浸洗消毒，除去鳅苗体表的病原菌，增强抗病能力。浸洗时间与所用药物的种类、浓度以及浸洗时的水温有关。鱼体浸洗消毒的常用药物有食盐、硫酸铜、漂白粉、高锰酸钾等。浸洗消毒的方法是：在养鳅池边，将鳅苗集中到一个大容器中，水温10～15℃时，先用3％～5％的食盐水浸洗鱼体10～15分钟，捞起后再用清水浸泡10分钟，然后放入池中；也可用每立方水体8克的硫酸铜或10克的漂白粉溶液浸洗10～20分钟。具体消毒时间视水温的高低、药物的浓度以及鳅苗的耐受反应情况灵活掌握。发现鳅苗耐受不了，应立即对入清水，并将鳅苗捞出，放入池中。

3. 放养时间　放养时间以4月和7月为佳。不要在5～6月放养，这时正值泥鳅繁殖期间，放养泥鳅成活率不高。鳅苗下塘最好选择在晴天下午进行。鳅苗下池时要注意将有病有伤的鳅苗捞出来，在远离养鳅池的地方采用焚烧或加生石灰深埋的方法处理，避免被病菌感染，污染饲养水体，病源扩散，引发鱼病。

四、饲料投喂

泥鳅为温水杂食性鱼类，在进行池塘饲养时，除了施肥培育天然饵料生物外，还应投喂鱼粉、鱼浆、蚕蛹、猪血、动物下脚料，以及麸皮、米糠、菜饼、豆饼、豆渣、瓜菜叶子等植物性饲料，也可用上述饲料作为原料，制成配合饲料进行投喂。每日的投喂量根据养鳅池塘的水温及时调整。但要注意泥鳅摄食旺季，不要让泥鳅吃得太多，因为泥鳅贪食，吃得太多会引起肠道过度充塞，影响肠的呼吸。

泥鳅池塘饲养，投饲方法与水泥池专养泥鳅投饲方法略有不同。池塘饲养泥鳅，鳅苗在下塘后两天内不投饲料，等鳅苗适应池塘环境后再投饲料。开始投喂饲料时，先是将粉状饲料沿池塘四周定时均匀投撒，逐渐缩小投喂范围，将投喂的地点逐步向食台周围靠拢，然后将投饲点固定在食台上，使泥鳅形成定时到食台上摄食。投喂饲料要做到“四定”。

定时：待池塘中的泥鳅集群到食台上摄食后，每天定时投喂饲料。一般日投喂 2：上午 8～9 时投喂一次；下午 2～3 时投喂一次。在生长的高峰季节，每天投喂 3 次，晚上 7～8 时左右还应投喂一次。

定量：每天投喂的饲料量，要按水温的高低以及池塘中泥鳅的摄食情况灵活掌握。当池塘水温高于 30℃或低于 10℃时，要相应减少日投饲量或停止投饲；在生长的高峰季节，还要结合每天检查食台的情况，科学地确定每日的投喂量。其中晚上的投喂量应占到全天投饲量的 50％～60％。

定质：投喂的饲料要求新鲜，各种营养成分含量合理，不能投喂腐败变质的颗粒饲料。腐败变质的饲料不仅营养成分流失，失去投喂意义，被池塘中泥鳅摄食后还会引发疾病。要根据不同水温和泥鳅不同生长阶段，对植物性饲料和动物性饲料的喜食性和营养需求不同的特点，投喂植物性饲料和动物性饲料含量合理的配合饲料，促进泥鳅快速生长。

定位：饲料要定点投喂，每次投饲时，要将饲料投喂到搭设好的食台上，不能随意投放，避免浪费，避免泥鳅由于不能定时定点找到食物而影响泥鳅的生长。投喂时要将饲料均匀投撒在食台上，便于泥鳅集群摄食。定点投喂可以使饲料不到处漂散而造成浪费，泥鳅能均匀摄食，便于检查和确定泥鳅的摄食和生长情况。同时在需要投喂药饵时，能使泥鳅集群均匀摄食，提高药效。

五、水质调控

水质要求“肥、活、爽”，透明度30厘米左右，水色以黄绿色为好，溶氧3毫克/升以上，pH7.6～8.8。养殖期间根据水色及时追肥，追肥可用基肥也可用化肥。前期以加水为主，养殖中后期每3～5天换一次水，每次换水量占总水量的25%～30%。定期使用生石灰消毒，用量10～20克/升，每半个月用1克/米^{3}漂白粉消毒食场一次，高温期间使用生物制剂调节水质。根据池塘水质和底质情况，定期使用生物制剂改善水质和底质。生物制剂必须和消毒剂错开使用，必须相隔7天以上，否则会影响生物制剂的使用效果。

六、日常管理

早、中、晚各巡塘各一次，观察泥鳅活动情况和水质变化情况，发现问题及时处理，尤其天气闷热、气压低、下雷阵雨或连日阴雨等气候时，应注意观察泥鳅是否浮头。发现浮头，应及时加注新水，开启增氧机，如水质过肥应及时换水。加强进排水口、塘埂的检查，发现漏洞要及时修复。

七、收 捕

泥鳅具有钻泥的习性，因此在池塘捕捞时就不像捕捞其他鱼类那么容易。根据泥鳅逆水钻泥的生理习性，可采用冲水捕捞、网片或鱼笼诱捕，也可进行干池捕捞等方法。

养殖实例一 池塘养殖泥鳅

江苏省连云港市赣榆县罗阳镇一养殖户利用池塘养殖泥鳅，最高产量达到亩毛产 3 500 千克，亩净产 1 400 千克，亩效益 30 000元。现将方法与结果介绍如下：

1. 池塘面积 8 000 米^2，共 6 口池塘，水源充足，进排水方便，日照良好，土质为中性、微酸性的黏质土壤。池塘长条形，每口面积 1 300 米^2，池深 0.8 米，水深 0.3～0.4 米，池壁泥土夯实，沿塘内四周用网片围住，网片下埋至硬土中 50 厘米，上端高出水面 20 厘米。

2. 泥鳅苗为购买自然苗，4 月底开始放养第一茬苗，放养规格 100 尾/千克，放养量为每亩 1 000 千克，共投放鳅苗 12 000 千克。鳅苗在下田前用 3%的食盐水浸洗 5～10 分钟。

3. 养殖期间以投喂人工配合饲料为主，辅助投喂鱼虫、豆饼、黄豆浆、米糠等。每天投饲 3 次，日投量为泥鳅体重的 5%，并根据吃食情况增减。投饵点固定在几个地方，减少饵料浪费和便于观察。

4. 养殖过程中每隔 2 周用漂白粉消毒一次，每月用生石灰全池泼洒一次。平时水深保持 30～40 厘米，进入 7 月水深保持在 40～50 厘米；每天巡田，防止围网周围出现漏洞而逃鱼。

5. 经 3 个月养殖，至 8 月上旬收购，共产泥鳅 19 420 千克，平均产量为每亩 1 618 千克，毛收入 349 560 元。共获纯利润 135 300 元，折合每亩纯利润为 11 275 元；清塘后开展第二茬养殖，放养量为每亩 1 100 千克，养殖 3 个月，至 11 月下旬出口，池塘共产泥鳅 22 630 千克，平均亩产 1 885 千克。毛收入475 230元，共获纯利润234 540元，折合每亩纯利润为19 545元；二茬合计亩产泥鳅 3 503 千克，亩效益30 820元。

养殖实例二　池塘养殖泥鳅

江苏省连云港市赣榆县墩尚镇一养殖户利用池塘养殖泥鳅，最高亩产量 2 000 千克。现将方法与结果介绍如下：

1. 池塘面积 12 000 米^2，共 9 口池塘。池塘长条形，每口面积 1 300 米^2，是多年养殖池塘，池深 0.8～1.0 米，水深保持在 0.3～0.4 米，塘内四周用网片围住，网片下埋至硬土中 50 厘米，上端高出水面 20 厘米。放养前每亩用生石灰 70 千克清塘消毒。

2. 泥鳅苗为购买自然苗，规格 70 尾/千克，4 月放养第一茬苗，放养量每亩 1 200 千克，总共投放鳅苗 21 600 千克。鳅苗在下田前用 4%的食盐水浸洗 5 分钟。

3. 日常管理主要是投饵、换水。主要投喂人工配合饲料，辅以鱼虫等生物饵料。每天投饲 3 次，日投量为泥鳅体重的 5%，并根据吃食情况增减。

4. 养殖过程中每隔半月用漂白粉消毒一次，每月用生石灰全池泼洒一次。平时水深保持 30～40 厘米，气温高时水深保持在 40～50 厘米；每天巡田，防止围网周围出现漏洞而逃鱼。

5. 经 3 个月养殖，至 7 月出售，池塘共产泥鳅 36 290 千克，平均亩产 2 016 千克，毛收入 689 510 元，共获纯利润 283 240 元，折合每亩纯利润为 15 735 元；清塘后开展第二茬养殖，放养量每亩为 1 250 千克，养至 9 月下旬即有韩国客商求购，池塘共产泥鳅 34 689 千克，平均亩产 1 927 千克。毛收入 693 780 元，共获纯利润 295 113 元，折合每亩纯利润为 16 395 元；此后放养第三茬，放养量每亩为 1 250 千克，至 12 月初，全部售完，共产泥鳅

35 102千克，平均亩产 1 950 千克。毛收入 737 142 元，共获纯利润327 036元，折合每亩纯利润为 18 168 元。三茬合计亩产泥鳅5 893千克，亩净产 2 223 千克，亩效益 50 298 元。

养殖实例三 池塘无公害养殖泥鳅试验

（一）材料与方法

1. 池塘条件 选择避风向阳、进排水方便、弱碱性底质、水质无污染的池塘 16 口，每口面积 400～667 米^2、共 3 335 米^2，池深 80～120 厘米。池塘经修整改造，利用池岸四周底泥加高加固池埂，开挖一环形周宽 60～80 厘米、深 50 厘米的鱼沟，便于泥鳅抓捕。池塘做到坚固耐用无漏洞，清除过多淤泥，保持池底淤泥 20～25 厘米。进出水口用聚乙烯网片拦住，池底向排水口倾斜，便于排水和捕捞。

2. 清塘消毒与水质培育 鳅苗下池前 10 天，亩用生石灰 100 千克带水清塘消毒，消毒后第 3 天引进池水 30～50 厘米，施入鸡、鸭粪便等有机肥培育水质，亩用量为 120～130 千克，待水色变绿，透明度 20 厘米左右时，即投放泥鳅苗种。

3. 苗种放养 待药性消失、池水转肥后，于2006 年 2 月 7 日放养，泥鳅苗种系上年度本地人工繁殖培育的苗种，放养时规格 400 尾/千克，数量 19.2 万尾，计 480 千克，亩放养密度 3.84 万尾。同时放养规格 13～15 厘米的鲢鳙春片鱼种 1 000 尾，以便调节池塘水质。苗种放养时均用 5%食盐浸浴鱼种 10 分钟后再下池。

4. 饲养管理 在培肥水质、提供天然饵料的基础上，增加投喂用豆粕、菜粕、鱼粉、次粉、盐、磷酸二氢钙等原料组成的粉状配合饲料，饲料粗蛋白 32%，一般每天上下午各投喂一次，时间分别为 8：00 ～9：00、17：00～18：00，日投饲量为泥鳅体重的 4%～8%。在每口池塘距池底 20 厘米处设一个用塑料密眼网片和木条钉成面积为 2 米^2 的饵料台，饲料用水拌成团状，投放饵料台上。投饲视水质、天气、摄食情况灵活掌握。此外，根据水质肥度进行合理施肥，池水透明度保持在 30～40 厘米，水色以黄绿色为好。在 7～8 月水温达 30℃以上时经常更换池水，保持池塘有微流水，并增加水深；当泥鳅常游到水面浮头“吞气”时，表明水中缺氧，应停止施肥，及时加大进水量。

5. 病害防治 在整个养殖周期，泥鳅未出现大的病害。发现少数个体发生烂鳍病，症状：病鳅的鳍、腹部皮肤及肛门周围充血、溃烂，尾鳍、胸鳍发白并溃烂，鱼体两侧自头部至尾部浮肿，并有红斑。通过使用 1 克/米^3 漂白粉全池泼洒，连续用药 3 天，且在饲料中按 0.5%添加中药“三黄粉”拌入饲料连喂 6 天，病情得到控制。平时做好清除水蛇、蛙、水蜈蚣、水鸟、水禽等敌害生物的工作。

6. 捕捞 2006 年 11 月 22～31 日，对成鳅进行捕捞收获。先将池中的鲢鳙鱼捕捞上市，然后在排水口安装好网箱，将池水逐渐排干，有部分泥鳅会随排水进入到网箱中，其他大部分泥鳅会集中到鱼沟中，在鱼沟中捕捞，捕捞后的泥鳅放入水泥池中暂养过秤计算产量。

（二）产量与效益

共收获泥鳅 3 320 千克，平均亩产 644 千克，养殖成活率 62.25%。平均规格 36 尾/千克，其中最大个体 45 克，最小个体仅 15 克。收获鲢鳙鱼 860 千克，平均规格 1.05 千克。本试验成本支出计 3.32 万元，单位成本 0.664 万元/亩，饵料系数 2.11，实现销售收入 4.876 万元，单位产值 0.975 万元/亩。获得效益 1.556 万元，单位效益 3 112 元/亩，投入产出比 1∶1.47。

第三节 稻田养殖

泥鳅对环境的适应能力很强，利用稻田饲养泥鳅，成本低，收效快，经济效益高，是一项行之有效的养殖方式。在稻田中饲养泥鳅，不仅可以获得一定数量的商品鳅，而且由于泥鳅钻泥时能给稻田松土，促进稻田中的肥料分解，提高肥效，吃食稻田中的杂草和害虫，起到保肥、增肥、松泥和除害的作用，达到泥鳅水稻双丰收的目的。

稻田饲养泥鳅分集约化饲养和粗放饲养两种形式。

一、集约化饲养

（一）稻田的选择

稻田养泥鳅，应选择土壤为弱酸性、注排水方便、抗旱抗涝、保水保肥的稻田，要求田泥土质松软，有机质丰富，稻田用水的水源要充足，且无工业废水污染。面积可大可小，面积以2～10 亩为宜，有条件的地方可以集中连片，以便管理。种植的水稻品种应是矮秆、抗倒伏、耐肥力强、抗病力强的品种。

（二）稻田改造

在投放鳅苗前，稻田要进行改造。

1. 田埂要加高加固 为提高稻田的蓄水水位，同时防止漫水逃鱼，必须对稻田进行改造，改造后田埂至少要高出水面 50 厘米，一般高 50 厘米，宽 35 厘米，且斜面要陡，田埂要夯实，防止龟裂或被水浸泡后倒塌。

2. 防逃设施 最好用塑料薄膜、网片、木板或水泥板等贴于田埂的内侧，下端埋入硬泥中，埋入的深度为 10～20 厘米，高潮田埂 20 厘米。防逃网可用尼龙网片或铁丝网片制成，最好设两层，防止泥鳅逃逸和野杂鱼、污物等进入稻田。

3. 进排水改造 在稻田一边的田角处开一个进水口，在另一边对角处开一个排水口，用砖石砌成，并在进水口和排水口设置拦鱼设施防逃网。

4. 开挖鱼沟、鱼溜　开挖鱼沟、鱼溜是稻田饲养泥鳅的一项重要措施。当水稻浅灌、晒田、追肥、治虫用药时，泥鳅能进入鱼沟、鱼溜中栖息；在夏季高温季节，泥鳅可进入鱼沟、鱼溜中避暑；秋冬季时便于捕捉泥鳅。鱼沟宽一般30～50厘米，深25～50厘米；鱼溜面积为4～6米^2，深30～50厘米，形状为正方形、圆形或长方形均可，要做到沟溜相通。鱼溜最好开挖在便于投饲和管理的位置，如稻田的横埂边或进出水口处，也可开挖在稻田中央。鱼沟开挖的形式多采用“廿”字形、“井”字形或对角的斜线形，形式多种多样，但鱼沟必须与鱼溜相通。开挖的鱼沟、鱼溜的面积，应占稻田面积的5%～8%。一般在秋季稻谷收割完以后，可按上述方法改造稻田，第二年春夏之交，先种好水稻，待其返青后即可投放鳅苗。

（三）放苗

苗种选择同池塘养殖。

一般在早中稻插秧以后10天后放苗。秧苗栽插前，先将田水排干，让稻田曝晒3～4天，每亩田面遍洒米糠150～200千克，第二天每亩再施碳铵40千克，磷肥30千克，或有机肥300～350千克，使其腐烂分解，以增加土壤肥力；在鱼溜内要施鸡粪、牛粪、猪粪等粪肥，培育枝角类、桡足类等泥鳅的天然饵料生物。秧苗插种7～10天，秧苗成活返青后，加注新水至稻田水位10～15厘米，立即放养泥鳅苗种。

鳅苗的投放密度与规格有关。一般体长5～8厘米的鳅苗，每亩的放养量为6 000～10 000尾，重量60～80千克。鳅苗下田前要进行严格的鱼体消毒，避免鳅苗在鱼沟鱼溜中大量集中而引发疾病。

(四)日常管理

稻田饲养泥鳅，日常管理主要集中在投饲、施肥、稻田田间管理、防病防敌害和防逃等几个方面。

1. 投饲 鳅苗在下田后5～7天不投喂饲料，之后每隔3～4天投喂米糠、麦麸、各种饼粕粉料的混合物、配合饲料。初期将饲料投撒在鱼沟、鱼溜中，然后逐渐缩小投饲范围，最后将投饲点固定在鱼溜中，便于泥鳅集群摄食和冬季捕捞。待泥鳅摄食正常后，每天定时在上午8～9时投喂一次，日投喂量为田中泥鳅总重量的3%～5%，具体投喂量应结合水温的高低和泥鳅的吃食情况灵活掌握。到11月中下旬水温降低，便可减投或停止投喂。在饲养期间，还应定期将小杂鱼、动物下脚料等动物性饲料磨成浆投喂。

2. 稻田田间管理 稻田田间管理的主要工作有灌田、晒田、施化肥、施用农药防治病虫害等。灌田时要注意清除进水口处拦鱼设施上的杂物，灌田的水源要求清新无污染，地下水或冷浸水不能直接引入。晒田排水时，要2～3天逐渐将田水排干，使田中的泥鳅能全部集中到鱼沟、鱼溜中。

施用化肥时，要先排浅田水，泥鳅集中到鱼沟、鱼溜中后才能施用。施肥时由近到远，低撒匀撒。为了防止化肥毒死泥鳅，最好采用少量多次的方法，将一块田分两次施，先施稻田的一半，过3～5天再施另一半。遇到下雨或水温过高都应停止施肥。养殖泥鳅的稻田，病虫害一般很少发生。在预防水稻病虫害时，要选用高效、低毒、残留少的农药，也可采用一些对泥鳅基本无害的生物农药，绝对禁止使用敌百虫、甲胺磷等含有机磷的剧毒农药。病害防治时必须按规定的浓度和用量用药。在稻田中施用农药超过泥鳅的致死浓度，会造成泥鳅死亡，导致饲养失败。

表 2-4-1　几种化学农药对泥鳅的致死浓度

药品名称	温度（℃）	致死浓度（毫克/升）
异艾压剂	23～30	0.01～0.05
敌百虫	11～18	20～30
五氯酚钠	14～18	0.62（24.5 小时致死浓度）
草毒死	14～18	7.9（24.5 小时致死浓度） 5.4（48.5 小时致死浓度）
艾氏剂	18～20	0.002～0.02
对硫磷（1605）	4～8	13～16
六六六（粉剂）	10～13	10～15
滴滴涕（乳剂）	10～13	25～29
滴滴涕（粉剂）	10～14	250～500

施药方法为：一是先将稻田喷施 1/2，剩余的 1/2 隔一天再喷施。如此轮流施药，可以让泥鳅在田间有躲避的场所。二是喷雾时，喷嘴必须朝上，让药液尽量喷在稻叶和叶茎上，千万不要泼洒和撒施。施药时间选择在阴天或晴天的下午 4 时效果较好。施药前必须准备好加水设备以防泥鳅中毒后能及时加水，施药后要勤观察、勤巡田，发现泥鳅出现昏迷、迟钝的现象，要立即加注新水或将其及时捕捞上来，集中放入活水中，待其恢复正常后再放入稻田。

3. 防逃　每天加强巡田，检查田埂，看是否有小洞或裂缝外通；进排水口的拦鱼网是否有破损，发现后要及时修补，防止泥鳅逃跑。

4. 防病防敌害　泥鳅在稻田中很少发病，但如果鱼沟、鱼溜中水质恶化严重，或者夏季高温时，因生存环境太差，也会发生疾病。防病的主要措施是定期加注新水，换掉田中的部分老水，在高温季节一般每半月注换水一次，并适当加深水位；当水质恶化严重时，可将生石灰化水在鱼沟、鱼溜中泼洒。

稻田饲养泥鳅，防除敌害是一项十分重要的工作。饲养泥鳅的稻田严禁放鸭；对鸥鸟、蛇、老鼠、水獭等敌害要注意驱赶和捕杀。在稻田排灌水时，要防止乌鳢、鲶鱼等凶猛肉食性鱼类进入稻田。

二、粗放饲养

稻田粗放饲养泥鳅比较简单，只加设防逃设备，如加高、加固、夯实田埂；在稻田的进排水口加设拦鱼设备等，田内不必开挖鱼沟、鱼溜，也不用投喂饲料。当秧苗插完后，待稻田返青后，田面蓄水 10～20 厘米，即可投放鳅苗，放养量为每亩放养 5～8 厘米的鳅苗 4 000～6 000 尾。

稻田粗放饲养泥鳅虽然不投喂饲料，但粗放饲养也要注意日常管理，主要集中在防逃、稻田追施化肥及喷施农药这几项工作上。依靠稻田追施有机肥来培育稻田中的浮游生物，作为泥鳅的天然饲料，经过 1 年的饲养，每亩仍能获得商品泥鳅 60～80 千克。

稻田饲养泥鳅，可用鱼笼、排水和翻泥的办法捕捉。收捕的时间一般是在水稻即将成熟时，或者是在水稻收割完后收铺。在水稻收割之前，先用鱼笼在鱼沟、鱼溜中诱捕 2～3 天，然后排干田水，在排水口处设置渔网，可将田中的泥鳅捕出一部分，然后再灌水，重新捕捞一次。在水稻收割之后收捕，要先将田中的鱼沟、鱼溜进行疏通，然后排田水，即可在鱼沟、鱼溜中用抄网捕捉。

养殖实例一 稻田养殖泥鳅

湖北省仙桃市一养殖者利用稻田养殖泥鳅，平均亩产 300 千克。现将方法与结果介绍如下：

1. 稻田面积 2 001 米^2，水源充足，不旱不涝，日照良好，质地松软肥沃的中稻田。水稻为矮秆、不倒伏、抗病力强的品种。在放养鳅苗前，将田埂加高 50 厘米，加固夯实，用塑料膜做防逃设施，下端埋入硬泥中。进、排水口用水泥砖做成，用铁丝网拦住，防止泥鳅钻逃和野杂鱼进入。禾苗返青后，将稻田田角的稻株移栽在相同田的其他行中或另田定植，腾出空地开挖“井”形鱼沟，鱼沟宽 33 厘米，深 26 厘米。沟的交叉处开长 100 厘米、宽 66 厘米、深 75～100 厘米的鱼溜，供泥鳅在晒田时栖息。鱼沟鱼溜相连通，鱼沟鱼溜面积占稻田面积的 5%～10%。

2. 放养前准备　插好秧、开好沟、安装好栏栅后，向田中及鱼沟鱼溜中施入基肥，方法是用干燥或新鲜牛粪、猪粪、鸡粪、稻草和米糠等混合铺 10～15 厘米厚，再盖一层泥土。放养泥鳅苗前 10 天，亩用生石灰 100 千克化浆全田遍洒消毒。

3. 鳅苗放养　泥鳅苗为人工繁殖培育，尾重 25 克，亩放养 100 千克，2 001 米^2 稻田共投放鳅苗 300 千克。鳅苗下田前用 3%的食盐水浸洗 5～10 分钟。

4. 饲料投喂　养殖期间以施肥培育天然饵料为主，辅助投喂一些豆饼、黄豆浆、米糠等。每天上午下午各投饲一次，日投量为泥鳅体重的 5%，并根据吃食情况增减。投饵点固定在几个地方，减少饵料浪费和便于观察；每半个月对鱼沟鱼溜追施一次有机肥，每次用量为 50～150 千克。

5. 日常管理　养殖过程中每隔一个月左右用含氯石灰对鱼沟鱼溜泼洒一次。平时水深保持 3～4 厘米，在大雨时防止漫埂；每天巡田，防止田埂或栏栅周围出现漏洞而逃鱼。稻谷治疗病害时，用高效低毒农药，禁用除草药剂，施药前将田水加深至 6～9 厘米；晒田时，排水缓慢，让泥鳅集中到鱼沟鱼溜中。

6. 收获　经 6 个月养殖，至 10 月下旬收捕，稻田共产泥鳅 942 千克，亩产量为 314 千克。共获纯利润 3 163.6 元，折合每亩纯利润 1 055 元。

养殖实例二　稻田养殖泥鳅

濮阳市范县杨集乡一养殖者，2002 年利用稻田养殖泥鳅，取得较好的经济效果。现将其方法与结果介绍如下：

1. 稻田面积 10 005 米^2，共 4 块田块。稻田水源充足，进排水方便，土壤较肥沃。放养鳅种前，在稻田中开挖鱼沟和鱼溜，设置进、排水口并安装好拦鱼设施。田间土方工程完成后，每亩稻田施发酵过的有机肥 350 千克，施肥加大对鱼沟鱼溜中的施用量。

2. 插秧后 10 天左右，放养体长 3.5 厘米左右的鳅种，放养量每亩为 3 万～4 万尾。鳅种在放养前用 4％的食盐水进行鱼体消毒。

3. 日常管理集中在投饵和施肥两个方面。每天投喂 2 次，以蚯蚓、米糠、豆饼和菜饼为主，日投喂量占泥鳅体重的 3％～5％；放养泥鳅的前期加投黄豆浆。每半个月补施一次追肥，每次每亩追肥量为 120 千克左右；稻谷用药防治虫害时，采取加深水位或排干田水、半边先施半边后施的方法进行，避免对泥鳅的影响。平时注意天气变化，做好防洪排涝工作；及时清除、驱捕稻田中的老鼠、黄鼠狼、水蜈蚣、蛇等敌害生物。

4. 至 10 月下旬，稻田共收泥鳅 8 750 千克，产值 75 000 元。总效益 54 000 元，每亩净效益 3 600 元。

第四节 庭院养殖

家庭养殖泥鳅，可以自繁、自养、自吃、自销，方便易行。有条件的家庭，可在房前屋后庭院天井中挖设小面积鳅池或设置水缸养殖泥鳅。养殖面积大小不限，要求进排水方便。一般养殖方法参考池塘养殖部分。另介绍两种：一是底肥养殖法，即在养鳅池底将猪粪、稻草相间铺放，厚约 30 厘米，按每平方米撒生石灰 150 克后再铺上 10 厘米肥泥，注水一周后可放泥鳅。养殖期间经常搅拌池底，使肥料释放肥水培育底栖动物等促进泥鳅生长，可配合投喂人工饲料。二是塑管养殖法，采用直径 16 毫米，长约 20 厘米的聚乙烯管，亦可用竹管代替塑管，像筏子那样扎成排，横向排列铺满池底，将细粒黏土溶解于水中，给泥鳅造成一个具有泥土环境条件的错觉。放养鳅苗后主要投人工饲料。当然家里的剩饭剩菜亦可投喂。

养殖实例　农家庭院养殖泥鳅

江苏省丹阳市一养殖者利用农家庭院养殖泥鳅，取得了成功，现将其方法及结果介绍如下：

1. 池塘选在背风向阳、水源可靠、环境清洁、管理方便的自留地，将 2 000 米^2 地挖成 3 个池，每个池 450 米^2，池内水深约 0.5 米，池底铺肥泥 0.2～0.3 米，以供泥鳅钻潜休息，池壁用石块或砖砌成，并用水泥抹面。泥鳅池还建专门的进水口，在进出水处设置铁丝网防其逃跑，同时也可防止野杂鱼进入。放养前每平方米池底用生石灰 0.11 千克消毒，消毒后一天灌水，待生石灰毒性消失后再放入泥鳅。

2. 放养鳅种就近购买，鳅种规格基本一致，无伤、无病、体健活泼。放养前把其放入 3%～4%的食盐溶液中浸泡约 8 分钟，5 月 17 日放苗，每平方米放养 3～4 厘米的鳅种 40～50 尾。

3. 在饲养过程中，主要投喂适口的螺蛳、蚯蚓、蚕蛹粉、动物内脏等动物性饲料，辅助投喂适量的豆饼、酒糟和幼嫩植物的茎叶、种子等植物性饵料。日投饵量占泥鳅总体量的比例分别是：5～6 月为 4%，7～8 月为 10%，9～10 月为 4%。投饵坚持四定：定位，池内搭饵台，把饵料投放在饵台上；定时，每天上午 9 时左右投饵；定质，饵料新鲜、卫生、适口，无腐烂发霉；定量，以投饵后 2～3 小时吃完为宜。每半月用 1 毫克/升漂白粉（含有效氯 25%～30%）全池泼洒，防治水霉病和腐鳍病。

4. 10 月 21 日共收获泥鳅 1 350 千克，销售收入 38 600 元，扣除成本 18 437 元，纯收入 20 163 元。

第五节 网箱养殖

网箱养殖泥鳅具有设备简单、单产高、管理方便、易捕捞、经济效益显著等优点，是一项值得推广的实用养殖技术。现将网箱养殖泥鳅的技术介绍如下。

（一）场地选择

养殖地点应选择避风向阳的湖泊、水库边浅水处或活水池塘内，水质良好，无工业污染。

（二）网箱设置

网箱小的 1～2 米^2，大的 20～40 米^2，一般以 10～20 米^2 为宜。箱体由聚乙烯机织网片做成，网目 0.5～1.0 厘米，网高视养殖水体而定，一般网箱水下部分为 1～1.5 米，但网箱上半部需高出水面 40 厘米以上，防止泥鳅逃逸，箱底距塘底约 0.5 米。泥鳅苗种放养前 15 天安置网箱，使网箱壁附着藻类，并移植水花生、水葫芦等漂浮植物，占网箱面积的 1/3，每亩水面放置一口网箱。

（三）鳅种放养

网箱鳅种放养量应依水体条件而定，水肥、水活可多放，否则少放，一般平方米放养 5～8 厘米的鳅种 900～1 200 尾。鳅种在投放网箱前经严格筛选，确保无病无伤，游动活泼，体格肥壮，鱼种规格尽量保持一致，并用 3%的食盐溶液浸洗 5～10 分钟，再投放网箱中。

（四）饲养管理

网箱养殖泥鳅以人工投饵为主，应在网箱内设置一个 2 米^2

的食台，食台距池底 20～25 厘米，投喂时将饵料投在食台上。人工投饵可投喂糠麸、蚕蛹、蚯蚓做成的团状饲料或人工配合硬颗粒饲料。人工配合饲料中动物蛋白应占 50%以上。日投饲量为泥鳅体重的 3%～5%，分早、中、晚三次投喂，视鱼的生长情况、天气等因素酌情增减。

（五）日常管理

每天早晚巡塘，检查网箱有否破损，泥鳅活动是否正常；清除过多水花生，使水花生面积占 1/3 左右。7～8 月高温季节，水花生面积维持在 1/2。平时要勤刷洗网衣，保持网箱内外水体的通透性，并能使足够的饵料生物进入箱内，同时要经常检查网衣，如有漏洞立即补好。还要防止农药、化肥等污染和敌害生物侵袭。

（六）病害防治

平时要做好鱼病的防治工作，投饵时要坚持“四定”原则，及时清除食台上残饵，定期用生石灰泼洒或用漂白粉挂袋。漂白粉挂袋方法：用二层纱布包裹漂白粉于食台周围，一次挂袋 2～3 只，能有效预防病害发生。

养殖实例一　池塘网箱养殖泥鳅

江苏省宝应县一养殖者进行池塘网箱养殖泥鳅取得了成功，现将其方法及结果介绍如下：

1. 网箱用聚乙烯制作而成，绞丝网类型；长×宽×高为 6 米×4 米×1.8 米，框架为竹竿搭制，每口网箱用竹竿 6 根，直接固定于水中；网箱水下部分为 1.5 米，水上部分为 0.3 米，箱底距池底约 0.5 米。于泥鳅苗种放养前 15 天安置网箱，使网箱壁附着藻类，并在网箱内移植水花生，使其覆盖面积占网箱面积的 1/3。平均每亩水面放置 1 口网箱。

2. 泥鳅苗种由就近的市场收购，并在投放网箱前经严格筛选，确保鱼种无病无伤，游动活泼，体格肥壮，规格一致，并用3%的食盐溶液浸洗10分钟后再投放网箱中。网箱内泥鳅苗种的投放于7月10～20日进行，共放养泥鳅700千克，规格为25克/尾,平均每口网箱放养泥鳅25千克。

3. 养殖期间投喂饲料主要是菜饼、小麦粉、玉米粉等。每天早晚巡塘，检查网箱有否破损，泥鳅活动是否正常；7～8月高温季节，水花生覆盖水面的面积占网箱面积维持在1/2；平时清除网箱内过多的水花生，使其覆盖网箱面积维持在1/3左右。

4. 12月18日收获，产量1 330千克，27口网箱平均箱产泥鳅47.5千克，池塘鱼种亩产350千克。产值21 280元，纯收入14 980元，平均亩产535元。

养殖实例二　稻田网箱养殖泥鳅

福建省永安县一养殖者在稻田中进行了网箱养殖泥鳅，在122米^{2}的网箱中投放泥鳅苗81.46千克，经120天的饲养，共捕获泥鳅567.3千克，取得较好的经济效益。现介绍如下。

1. 稻田面积230米^2，水源充足，排灌方便，田埂高50厘米，宽60厘米，进、出水口设拦鱼栅。网箱面积分别为4米×5米、3米×4米、3米×3米，网箱高1米，网箱与田埂距离50厘米，网箱入水40厘米，箱内底层铺20厘米厚的粪肥稻、田泥等，四周挂一直径30厘米、深8厘米的塑料盆作饵料台，箱上作盖，防止翠鸟危害。

2. 泥鳅苗种从市场上收购，体质健壮、有光泽，规格整齐。2000年7月7日放苗，共投放尾重6～8克的泥鳅苗81.46千克。

3. 鳅苗入箱后第2天开始喂食驯化，饲料蛋白质含量33%～38%，以投喂后2小时内吃完为宜，还可以喂些蛋黄、鱼粉、蚯蚓、米糠、豆渣、麸皮等，平时可适当施些发酵的有机肥，并注意加注新水、调节水质，保持水质的肥、活、嫩、爽。特别要注意防逃，在春夏雨水较多的季节，注意排水、清杂。

4. 2000 年 11 月 7 日，共收获泥鳅 567.3 千克，最大个体 35 克，平均尾重 29 克，总支出 4 015.68 元，总收入 9 076.8 元，纯收入 5 061.12。

第六节　大棚式工厂化流水养殖

大棚式工厂化流水养殖又称水泥池流水养殖，这种养殖方式相对于庭院养殖在一定意义上是一个飞跃。由于改善了载体的自身净化能力和人为控制净化能力，高密度养殖的安全性得到进一步提高。虽然这种养殖方式所提供的养殖环境与泥鳅的自然环境有一定的不同，但合理的池内布局和设计直接改良了养殖泥鳅生命活动的主要环境因子，因而更趋理性。

（一）养成池建造

养成池的建设材料主要有混凝土、水泥砖、玻璃钢和帆布等。池子的形状结构和育苗池基本相同，一般规格为 30～100 米^2，池深 70～80 厘米，池底呈 15 度倾斜，铺设底泥，老池要更换底质。排污口设在水泥池低端，并用直径 2～5 毫米的带孔塑料管套在排污口，以防逃鱼和减缓水流。进水口高出水面 20 厘米，水深 30～50 厘米。

（二）配套设施

工厂化养殖是在人为控制养殖条件下的一种新型养殖模式，它的优点就是利用先进的科学技术和设备，人工控制养殖对象的生活条件，如温度、溶解氧、pH 等，使泥鳅能在最佳的生活条件下生长。因此，要有完整的配套设施，主要包括：

水处理设施：养殖用水处理包括前期处理和后期处理。前期处理一般包括过滤和消毒，主要除去水中的悬浮颗粒、氨氮等物质以及杀死病原菌等；后期处理主要是为了保护环境，因养殖用过的水中含有大量的氮、磷等有害物质，为了养殖业的可持续发展，后期处理是非常必要的。

增氧设施：工厂化养殖一般也是高密度养殖，因此需要人工充氧。

控温设施：用于保证养殖泥鳅生长所需要的最佳生长温度。

（三）鱼种运输

可用专用充氧塑料袋装运。每升水的放种量要按鳅体的规格大小而定。一般体长 1.2～1.4 厘米鳅种的运输密度为 3 000～3 500尾/升，体长 1.5～2 厘米的 500～700 尾/升，体长 2.5～3.0 厘米的 300～350 尾/升，体长 3.5～4.0 厘米的 150～200 尾/升，体长 5～6 厘米的 120～150 尾/升。

（四）鳅种的放养

放养密度与换水量有密切关系，换水量大，密度可大一些。若无法增加换水量，则密度要小一些。依据目前的养殖水平，一般每平方米放养 5～6 厘米的鳅种 1 000～1 600 尾。

（五）水温调控

泥鳅养成中要特别注意水温，生长水温为 15～30℃，最适水温为 25～28℃，水温过高或过低都易造成泥鳅摄食减少甚至停食。

（六）饵料投喂

泥鳅人工养成中的饵料主要以人工配合饲料为主配合动物性

饵料，如碎内脏、绞碎的蚯蚓肉、鱼粉等。水温 15～17℃时，饲料中的动物蛋白含量控制在 10%左右，植物蛋白 30%左右；水温 20℃以上时，动物蛋白量增至 20%，植物蛋白含量减至 20%。日投喂量占亲鳅体重的 5%～8%。因泥鳅喜欢在夜间觅食，故投喂饵料应以傍晚为主。白天的投饲量占日投饲量的 25%～30%，夜间占 70%～75%。

（七）日常管理

平时要勤巡查，确保养殖设施运转正常，水中溶氧 5 毫克/升以上，pH 6.5～7.5，及时捞除病死泥鳅和残渣残饵。

养殖实例 泥鳅工厂化养殖

江苏省连云港市成功进行了泥鳅工厂化养殖试验，现介绍如下：

1. 养殖池 3 个，规格 7.0 米×4.0 米×1.2 米的砖砌水泥池，养殖有效水体 67.2 米^3，池底铺设底泥 20～30 厘米，养殖前用生石灰消毒，然后曝晒待用。养殖用水为过滤河水或从地下水井抽取的过滤淡水。供气采用罗茨鼓风机和散气石供气，散气石密度为 1 个/3 米^2；供水采用动力抽水，供水能力 100 米^3/小时；温度采取开关窗口进行调节；光照通过天窗加以调整。

2. 泥鳅苗种从附近购买，要求规格一致，无伤病、体格健壮。平均体长为 4 厘米。买回的苗种经短暂水温适应后，用 5%食盐水药浴后分别放入 3 个水泥养殖池中，放养密度为 400～600 尾/米^2。鱼种放养前，养殖池进水 30 厘米，水温调至 25～28℃。

3. 在养殖过程中，采用流水、连续充气、定期测量池水主要理化因子等方法调控水质，流水状态下的换水量与水温、养殖密度成正比，保持池水清洁、新鲜。配合饲料为主要饲料，日投喂量占鱼体总体重 4%～5%，每天投喂 3 次；每次投喂时，先全池撒投 60%，剩下的 40%则根据鱼体摄食状况进行撒投。同时，在饲料中定期添加复合维生素，并在高温期减少投喂量。日常理化因子：水深 30～40 厘米，水温 25～28℃，pH6.5～7.5，气石 24 小时充气。

4. 养殖期为 6 个月，共收获泥鳅 1 539 千克，平均产量 22.9 千克/米^3，产值 43 092 元，扣除成本 26 500 万元，获利税 16 592 元。

第七节　泥鳅混养技术

泥鳅混养是不改变原来放养模式和管理方式，在成鱼池、鱼种池、水生经济作物和特种养殖池中适量混养泥鳅的养殖模式。这里不作详细介绍。

养殖实例一　藕田鳅鳝混养

湖北省荆州市一养殖户，于 2002 年进行藕田鳅鳝混养，取得了较好的效果。现将方法与结果介绍如下。

1. 养殖藕田面积 734 米^2，水源充足，排灌方便。2 月初在田四周开挖围沟，宽 1.5 米，深 0.8 米，围沟四周开挖有 6 个坑池，每个坑池面积 10 米^2；田中开挖有相互连通的“井”形沟，宽 1 米，深 0.8 米。进排水口用网片包扎防逃，呈对角排列；田四周用密眼网片围起高 1 米的防逃网。清明节前后，鱼沟留水 10 厘米，用生石灰 78 千克全田泼洒；鳅苗及鳝种放养前 10 天，向田中施发酵过的有机粪肥 250 千克，主要施放在虾坑和虾沟中，然后注水 30 厘米。

2. 4 月 10 日用笼捕鳅、鳝种陆续投放，鳅、鳝种在投放时尽量规格一致，鳅、鳝种在放养时用 4%的食盐水和 15 毫克/升的高锰酸钾进行鱼体消毒。具体投放情况见表 2－4－2。

表 2-4-2　鳅、鳝种投放情况

种　类	投放时间（月．日）	规格（尾/千克）	重量（千克）
黄鳝	4.10	32	56
	4.15	40	102
	4.23	35	74
泥鳅	4.10	80	18
	4.16	80	25
	4.24	80	15

3. 坚持“四定”的投饵原则，坑池边设有 12 个食台，饵料投喂在食台上，每天傍晚投喂。黄鳝日投喂量为黄鳝体重的 4%～6%；泥鳅不另投喂饲料。

4. 每天早晚巡田，下雨天及时排水，严防敌害进入藕田；每半个月换水一次，换水时间一般在晴天中午进行，防止水温温差过大。

5. 从国庆节前开始陆续起捕上市，到 11 月 5 日结束，共捕黄鳝 720 千克，泥鳅 336 千克，黄鳝收入 13 100 元，泥鳅收入 2 970元，共计收入 16 070 元。

养殖实例二　多品种混养

江苏省盐都县进行的鱼、虾、蟹、鳝、鳅等多品种混养试验，成果显著。现介绍如下：

1. 池塘为近正方形，面积 30 800 米^2，四周沟宽 8 米，深 0.6～0.8 米，滩面可提水至 1.2 米，池底为沙质土壤，淤泥较少，水源水质良好，注排水设施齐全，塘内设 2 吨水泥船一条，用于投饵、施肥和管理。池塘内侧用密眼聚乙烯网布埋入土中作护坡和防鳝、鳅、克氏螯虾、蟹等钻洞，池埂牢固，不漏不渗，用石棉瓦作防逃墙。养殖前池塘进行清淤修补，用生石灰、茶籽饼等药物严格消毒，经过滤注水后，施足基肥，培养天然饵料，并栽种蒿草、苦草等水生植物，清明前后大量投放活螺蛳，让其自然繁殖。

2. 河蟹：5 月放养每千克 1 000 只左右早繁大眼幼体培育的豆蟹 8.6 万只，折合每亩 1 870 只。青虾：清塘后即可放养幼虾，每亩 3～5 千克。鱼种：清塘后放养每千克 20 尾左右的异育银鲫鱼种 200 千克，折合每亩 4.3 千克；中后期由于水生植物生长过于茂盛，放养草鱼控制水草，共放 400 千克，平均每亩 8.6 千克。其他品种：6 月放了每千克 30 尾左右的鳝种 20 千克，折合每亩 0.4 千克，补放每千克 40 尾左右的鳅种 30 千克，折合每亩 0.6 千克。

3. 采取模拟自然生态养殖方式，以廉价的肥料（鸡粪）和螺蛳培养和繁殖天然饵料（浮游动物、底栖生物、螺蛳、水生植物等）供养殖品种自由觅食，人工投饵仅作为补充，全期共投喂豆饼 1 500 千克，麸皮 1 000 千克，米糠 1 000 千克，小杂鱼等荤饲料 2 000 千克。投饵施肥根据天气、水质、天然饵料数量、养殖品种存塘量和生长季节灵活掌握。

4. 每天早晚巡塘一次，根据水质、天气、浮头情况随时加注水来增氧。正常情况每周加水一次，一般注水 20～30 厘米，保持溶氧充足，水位相对稳定，透明度 35 厘米左右，水质达到“肥、活、嫩、爽”的要求。每个月全池泼洒一次生石灰，以起到调节池水 pH。

5. 共捕获成蟹 1 550 千克，青虾 739.2 千克，克氏虾 1 039.5千克，黄鳝 150 千克，泥鳅 750 千克，鲫鱼 577.5 千克，草鱼 1 848 千克，销售总收入 103 790 元，扣除成本 60 890 元，纯利润 42 900 元，平均每亩 928.57 元。

第五章

泥鳅无公害病害防治

泥鳅养殖形式多样，发病原因各异，池塘养殖发病率相对较高，损失亦大，稻田、洼塘养殖发病率低，总体而言，主要由于条件不适宜、消毒不彻底或未消毒、密度过高、投喂不当、饲料质量差等原因造成。生产中坚持健康管理方法，保持良好养殖环境、投喂优质饲料、选用优良苗种、避免泥鳅应激，就可以避免或减少病害发生。

一、真菌性疾病

水霉病

【症状与危害】水霉病又称肤霉病或白毛病，是水产动物真菌病之一，也是常见疾病之一，此类菌对温度适应范围广，5～26℃均可生长繁殖，最适温度 13～18℃，水质较清的水体易生长繁殖。造成此种病的因素大约有：一是受伤或局部组织坏死；二是水温剧烈变化（抵抗力下降，组织变坏）；三是季节交替时易发生。是泥鳅苗种期间常见病之一。感染此病的泥鳅活动迟缓，食欲减退或消失，肉眼可见体表簇生白色棉絮状物，最后衰弱致死，在孵化季节流行，能引起大批受精卵死亡。

【防治方法】

①避免鱼体受伤，水霉菌往往在受伤部位寄生繁衍。

②鱼巢使用前先用 3%～5%食盐水浸泡 5～10 分钟。

③彻底清塘，鳅种下塘前用3%～5%食盐浸泡5～10分钟消毒或用1%的食用醋数滴浸洗5分钟，均有较好的疗效。

④用姜、盐、酒合剂浸洗鱼种，先取500克老生姜加1 500克水磨烂，重复3～4次，再称取食盐1 500克、白酒500克与姜汁和匀，可用于150克鱼种。

⑤泥鳅感染时用0.04%食盐和0.02%小苏打混合液全池泼洒。

⑥每亩使用5千克菖蒲、0.5～1千克食盐，对15～20千克人尿，全池泼洒。

二、细菌性疾病

（一）烂鳃病

【症状与危害】养殖密度大、水质差、水温15℃以上时鳅体感染柱状屈挠杆菌，引起鳃组织腐烂所致。病鳅体色发黑，鳃丝腐烂发白，尖端软骨外露，鳃上有污泥，多黏液，严重时病鱼鳃盖中央表面常常被腐蚀成近圆形的不规则透明小孔。病鱼常离群独游水面，游动缓慢，食欲减退或不摄食，形体消瘦而导致死亡。

该病在全国各地都会流行，全年可发此病，水温20℃以上开始流行，每年4～10月、水温28～35℃时最为流行。当年泥鳅一旦患上此病，会出现成批死亡，危害比较严重。

【防治方法】

①鱼种放养前用生石灰彻底清塘消毒。

②用0.2～0.3毫克/升浓度的二氧化氯或聚维酮碘或0.2～0.4毫克/升浓度的溴氯海因或二溴海因全池泼洒。

③用25毫克/升生石灰或1毫克/升漂白粉加0.3毫克/升硫酸铜全池泼洒。

（二）赤皮病 又名皮瘟、擦皮瘟

【症状与危害】 此病常发生于春末夏初，主要是泥鳅的皮肤在捕捞或运输时受伤，细菌侵入皮肤所引起的。病鱼体表部出血、发炎、鳞片脱落，尤其腹部和两侧最明显，呈块状。

【防治方法】

①每平方米水面用0.2～0.4 克漂白粉化水全池泼洒，也可用挂篓方法治疗。

②每平方米用明矾 0.05 克对水泼洒，2 天后每平方米用 25 克生石灰对水泼洒；

③全池遍洒五倍子（磨碎后用开水浸泡），使之达 2～4 毫克/升浓度。

（三）细菌性肠炎病 亦叫烂肠瘟、乌头瘟

【症状与危害】 水温 20℃以上易流行，由肠型点状气单胞菌感染引起。病鳅行动缓慢，停止摄食，鳅体发乌变青，头部显得特别；腹部出现红斑，肠管充血发炎，肛门红肿。轻者腹部有血和黄色黏液流出，重者发紫，很快死亡。此病常与烂鳃病、赤皮病并发。

【防治方法】

（1）每平方米水面用韭菜 2～3 克、大蒜 2～3 克、食盐 0.1～0.2 克，混合后捣烂，加水拌匀，泼洒在饵料中，每天投喂一次，直至病愈。

（2）第一天每 50 千克泥鳅用 15 克大蒜拌料投喂，2～6 天后减半继续投喂。另外还可用呋喃西林代替，每 50 千克泥鳅用 2 克拌料投喂。

（四）赤鳍病

【症状与危害】 此病多在水质恶化、蓄养不当时，由短杆菌感染引起，均在夏季流行。病鱼体表或鳍部表皮剥落呈灰白色，

肛门发红，接着在腹部和体侧出现红斑，并逐渐变成深红色，肠管糜烂，进而在皮肤溃疡部位寄生水霉，引发水霉病。病鱼在水池注水部或近池边水面悬垂，不摄食。

【防治方法】每立方米水体用1克漂白粉水溶液，全池泼洒。或用每毫升含10～15毫克土霉素或金霉素的溶液浸洗鱼体10～15分钟，每天浸洗一次，1～2天即可见效，4～5天痊愈。

（五）出血病

【症状与危害】此病是近年来出现的，病原不明。早春至10月易发。病鳅体表呈点状、块状或弥散状充血、出血，内脏也有出血，呈败血症症状。

【防治方法】用漂白粉或二氯异腈尿酸钠全池泼洒，或每千克泥鳅用10～15毫克土霉素拌料投喂。

（六）打印病

【症状与危害】该病由嗜水气单胞杆菌中嗜水亚种感染引起，7～9月为主要流行季节，病鱼身体上病灶浮肿，椭圆或圆形，患部主要在尾柄基部两侧，似打上印章，呈红色。

【防治方法】

（1）每立方水用1克漂白粉或2～4克五倍子进行全池泼洒。

（2）用漂白粉和苦参交替治疗：第一天每立方水体撒1.5克漂白粉，第二天用苦参熬成的溶液全池泼洒，连续3次交替使用，用药6天。

（3）对患病成鳅用2%的石炭酸或漂白粉溶液直接涂抹在患处。

（七）梅花斑病

【症状与危害】泥鳅背部出现多处黄豆大小的梅花斑状溃疡，发红、出血。

【防治方法】取两只蟾蜍分泌液和蟾体散布池内，可防治此病。另外，可连续 3 天全池遍洒漂白粉溶液，每立方米水体用药 0.2 克。

三、寄生虫病

（一）小瓜虫病

【症状与危害】此病由多子小瓜虫寄生引起。具体表现为大量寄生时，病鱼皮肤、鳍、鳃等处布满脓包，一个脓包表现为小白点。由于虫体的破坏和继发性细菌感染，使得病鱼体表黏液增多，表皮发炎，局部坏死，鳍条腐烂、开裂。镜检时多数只看见球形的成虫，病鱼消瘦，游动异常，最后呼吸困难而死。

从鱼苗到成鱼均可被寄生发病，以鱼种阶段危害最为严重。主要危害 5 厘米以下的苗种，一般在 5～6 月、水温 15～25℃时易发此病。水质恶化或养殖密度偏高时，冬季及盛夏也有发病。

【防治方法】

（1）加强饲养管理，保持良好的水体环境，增强鱼体抵抗力。

（2）全池泼洒福尔马林，使池水浓度达到 15～25 毫克/米^3，隔天遍洒一次，共泼药 2～3 次。

（3）降低水位，提高水温，水温 20℃以上时小瓜虫停止繁殖，自行脱落。

（4）病鳅用 5～10 毫克/升亚甲基蓝溶液浸洗 10～20 分钟。

（5）每亩用鲜辣椒粉 250 克、生姜片 100 克混合加水煮沸后，对水泼洒。

（二）舌杯虫病

【症状与危害】该病由纤毛虫纲的舌杯虫侵入引起。虫体伸展时呈高脚酒杯状，体前有一圆盘状口围盘，边缘生有纤毛。虫体中部有一卵形大核，虫体长 50 微米左右。舌杯虫附着泥鳅皮肤时，对寄生组织没有破坏作用，感染程度不高时危害不大。如果与车轮虫并发或大量发生时，能引起泥鳅的死亡。对幼鱼，特别是 1.5～2 厘米的鳅苗，大量寄生时妨碍正常呼吸，严重时致使鳅苗死亡。一年四季都可出现，以夏秋两季较为普遍。

【防治方法】

（1）流行季节用硫酸铜和硫酸亚铁合剂挂袋。

（2）放养前用浓度为 8 克/米^{3}的硫酸铜溶液浸泡鳅种 15～20 分钟。

（3）发病时用 0.7 克/米^{3}的硫酸铜、硫酸亚铁合剂（5：2）全池泼洒。

（三）车轮虫病

车轮虫病是多种车轮虫对鱼体的寄生而引起的，根据寄生侵袭部位和致病情况可分为两个类型：一是寄生在鱼鳃的车轮虫，一般个体较小；另一种是寄生在体表的车轮虫，一般个体比较大。

【症状与危害】车轮虫侧面观像两重叠的碟片，俯视成圆形，形似车轮，由此得名。大车轮虫肉眼可见，小车轮虫需要借助用显微镜或解剖镜观察。泥鳅感染车轮虫初期，摄食量减少，离群独游。严重时虫体密布，鱼不游呆滞不动，鳃微动，寄生处黏液增多，呼吸困难。轻则影响生长，重则死亡，5～8 月流行。

【防治方法】

（1）用生石灰彻底清塘后再放养。

（2）鳅种放养前用 7～8 克/米^{3}的硫酸铜溶液浸洗 15～20 分钟。

（3）发病后用 0.7 克/米^{3}的硫酸铜和硫酸亚铁合剂（5：2）防治。

（4）用苦楝树枝叶浸泡池中，每亩 15 千克，7～10 天换一次，连续 3～4 次。

（四）三代虫病

【症状与危害】该病由三代虫寄生引起。三代虫是一种胎生单殖类吸虫，虫体呈纺锤形，体前端有 4 个黑点，体后端有一固着盘，盘上有一对大钩和四对小钩，此虫三代同体，在成虫体内可见子代和孙代胎儿雏形，故名三代虫。三代虫寄生泥鳅的体表和鳃，5～6 月流行，对鳅种危害较大。

【防治方法】

（1）放养前用生石灰彻底杀虫消毒。

（2）鳅种放养前用 5%的食盐溶液浸洗 5～10 分钟。

（3）用浓度为 20 毫克/升的高锰酸钾溶液浸泡 15～20 分钟或用 2～3 克/米^{3}高锰酸钾全池泼洒。

（4）用 0.5～0.7 克/米^{3}的晶体敌百虫全池泼洒。

（五）毛细线虫病

【症状与危害】由毛细线虫侵入泥鳅肠道而引起。大量寄生虫充满肠道，造成泥鳅消瘦，并伴有水膨胀病，随后死亡。

【防治方法】泥鳅入池前，先用生石灰遍洒消毒。发病后，可按每 50 千克泥鳅用 5 克晶体敌百虫拌入 15 千克饲料中，做成绿豆大小的药丸投喂，或每立方米水体用含 90%的晶体敌百虫 0.7～1 克，溶水后泼洒，同时用主旋咪唑拌饲投喂，每 10 千克泥鳅用药 1.2 克，连喂 3～5 天。

四、敌　害

【敌害种类】泥鳅的主要敌害生物有蛙类、水蛇、水鼠、鸟类、凶猛肉食性鱼类及水蜈蚣、红娘华等。

【防治方法】

（1）放养前彻底清塘，清除池边杂草，保持养殖环境卫生，严防蛙类侵入，发现蛙类应及时捕捉，蛙卵要及时捞除；

（2）进水口要用筛绢网拦好，防止野杂鱼随进水入池；

（3）发现鸟类，及时驱赶。

（4）对水蜈蚣、红娘华的清除，用95%的晶体敌百虫0.5～1克/米^{3}全池泼洒。也可在水蜈蚣聚集的水草、粪渣堆处，按2～3克/米^{3}的用量泼洒，效果很好。

（5）用硫磺粉驱赶水蛇，具体方法是：池塘用药按每亩1.5千克将其撒在池堤的四周；稻田用量是每亩2千克，分别撒在田埂四周、鱼沟、鱼溜边和田中。

五、其　　他

（一）气泡病

【症状与危害】该病主要由于水中溶氧不足或气体过多引起。泥鳅吞吸气泡，浮于水面不能下潜，腹部臌气，苗种期易发生。

【防治方法】平时多加注新水，合理投饲，投喂高质量的配合饲料，防止水质恶化。发病后立即注入新水，换水量1/3以上，并用食盐化水泼洒，每亩水面4～6千克。

（二）发烧病

【症状与危害】由于放养密度过大，泥鳅体内分泌出的黏液在池内聚积发酵，释放热量使水温回升，溶氧量降低，泥鳅焦躁不安，互相纠缠而造成大量死亡。

【防治方法】

①减少放养密度，一旦发病立即更换或补充新鲜凉水。

②发病后可用0.07%的硫酸溶液每平方米水面泼洒50毫升

左右。

（三）感冒病

【症状及危害】 泥鳅是冷血动物，水温急剧改变时会刺激泥鳅皮肤的末梢神经，从而引起鱼体内部器官活动的失调，发生感冒，症状是皮肤失去原有的光泽，并有大量的黏液分泌。若发现不及时，时间长了患感冒的鱼会死亡。

【防治方法】 当泥鳅从一个水体移到另一个水体时，水温相差不超过 3℃；使用泉水或井水时，须经过太阳曝晒后再注入池内，切勿使温差过大。只有注意温差调节，才能有效预防感冒。

第六章

泥鳅的捕捞运输与储藏

第一节　泥鳅的捕捞

泥鳅捕捞常见有笼捕、罾网、干塘等方法。

（一）笼捕泥鳅

笼捕泥鳅是将笼设置在养殖泥鳅的池塘、稻田、浅水沟等水体中，笼内放入泥鳅喜食的饵料，诱惑泥鳅进到笼内而被捕获。笼捕泥鳅的工具有须笼和黄鳝笼，方法简单，效果好。须笼是一种专门用来捕捞泥鳅的工具，与黄鳝笼很相似，用竹篾编成，长30厘米左右，直径约10厘米。一端为锥形的漏斗部，占全长的1/3，漏斗部的口径2～3厘米。须笼的里面用聚乙烯布做成同样形状的袋子，袋口穿有带子。黄鳝笼里则无聚乙烯布。在泥鳅入冬休眠以外的季节笼捕均可作业，但以水温18～30℃时捕捞效果较好。捕泥鳅时，先在须笼、鳝笼中放入有可口香味的鱼粉团、炒米粉糠、麦麸等做成的饵料团，或者是煮熟的鱼、肉骨头等，将笼放入池底，1～2小时后拉上笼收获一次。拉须笼时，先收拢袋口，以免泥鳅逃跑，后解开袋子的尾部，倒泥鳅于容器中。晚上的捕捞效果比白天好。一般一个池塘多放几只须笼或鳝笼，连捕几个晚上，起捕率可达60%～80%，捕获泥鳅的质量好。如果在作业前停食一天，捕捞效果更好。另外，也可利用泥鳅的溯水习性，用须笼、鳝笼冲水捕捞泥鳅。捕捞时，笼内无需放诱饵，将笼布设在进水口处，笼口顺水流方向，泥鳅溯水时就会游入笼内而被捕获。一般 0.5～1 小时收获一次，取出泥鳅，重新布笼。

（二）罾网捕鳅

罾网捕泥鳅是将网布设在养殖水域中，预先在网内放入诱饵，也可直接采用冲水或使用驱赶等方法，使泥鳅进入网中，然后突然迅速向上方提起网具而将泥鳅捕获。敷网捕泥鳅有两种方法。

1. 罾捕泥鳅　罾捕泥鳅一般在水温 18～30℃，泥鳅活动、吃食良好的季节里进行。罾网片方形，面积 1～4 米^2，用聚乙烯网片做成，网目 1～1.5 厘米；捕捞泥鳅苗，则用聚乙烯网布。四角用弯曲的两根竹竿十字撑开，交叉处用绳子和竹竿固定，用以作业时提起网具。罾捕养殖泥鳅有两种作业方式：第一种是罾诱，预先在罾网中放上诱饵，如鱼、肉骨头、田螺肉或炒香的米糠麦麸等，将罾放入养殖水域中，一般每亩放 8～10 只。放罾后每隔 0.5～1 小时迅速提起罾一次收获泥鳅，捕捞效果较好。第二种是冲水罾捕，在靠近进水口的地方布设好罾，罾的大小可依据进水口的大小而定，一般为进水口宽度的 3～5 倍。然后从进水口放水，以微流水刺激，泥鳅就会逐渐聚集到进水口附近，待一定时间后，即将罾迅速提起而捕获泥鳅。

2. 敷网食场捕泥鳅　在泥鳅摄食旺季可用敷网在食场处捕泥鳅，敷网大小一般为食场面积的 3～5 倍。作业时要先拆除食场水底处的木桩，然后布好敷网，在网片的中央即原食场处，投饲引诱泥鳅进网摄食，待绝大多数泥鳅入网后，突然提起网具而捕获泥鳅。这种捕捞方法简便，起捕率高。

（三）张网捕鳅

1. 笼式小张网捕泥鳅　将网具放在养殖泥鳅的水域中，并在网中放入诱饵，引诱泥鳅进入装有倒须（或漏斗状网片装置）的网内，使其难以逃脱而捕获。笼式小张网一般呈长方形，用聚乙烯网布做成，四边用铁丝等固定成形，宽 0.4～0.5 米，高 0.3～0.5 米，长 1～2 米，两端漏斗形，口用竹圈或铁丝固定成扁圆形，口径约 10 厘米。作业时，在笼式小张网内放蚌肉、螺肉，煮熟的米糠、麦麸等做成的硬粉团，将网具放入池中，一般每亩池塘放 4～8 只网，过 1～2 小时收获一次，连续作业几天，起捕率可达 60%～80%。捕前如能停食一天，并在晚上诱捕作业，则效果更好。笼式小张网也可冲水捕捞。将网具放在进水口处，进水时水流冲击，在网具周围形成水流，泥鳅即溯水进入网内而被捕获。

2. 套张网捕泥鳅　在有闸门的池塘可用套张网捕捞，将方锥形的网具直接套置在闸门内，张捕随水而下的泥鳅。方锥形的套张网由网身和网囊两部分组成，多数用聚乙烯线编织而成，从网口到网囊网目由大变小，网囊网目大小在 1 厘米左右，网口大小随闸门大小而定，网长则为网口径的 3～5 倍。套张网作业应在泥鳅入冬休眠以前摄食旺盛时最好。作业时，将套张网固定在闸孔的凹槽处，开闸放水。若池水能一次性排干，则起捕率较高；若池水排不干，则起捕率低，可以再注入水淹没池底，然后停止进水，再开闸放水，每次放水后提起网囊取出泥鳅，反复几次，则起捕率可达 50%～80%。如是在夜间作业，捕捞效果更高。

（四）干塘捕鳅

池塘排干水捕鳅，一般在泥鳅吃食量较少而未钻泥过冬时的秋季进行；或者是用上述几种方法捕捞还有剩余时，则只好干塘捕捉泥鳅。方法是将池水排干，根据成鳅池大小在池底开挖几条宽 40 厘米、深 25～30 厘米的排水沟，在排水沟附近挖坑，使池底泥面无水，沟、坑内积水，泥鳅聚集到沟坑内，即用抄网捕捞。若池中还未捕尽，可进水淹没池底几小时，然后缓慢放水只剩沟坑内水，继续用抄网捕捞。若池中还有鳅钻到泥中未捕到，则再进水淹没池底过夜，第二天太阳未出之前缓慢放水，再重复捕一次，基本捕尽池中泥鳅。

稻田排水捕鳅，一般在深秋水稻成熟时或割后进行。稻田内水可分两次缓慢排干，第一次排水让稻田表面露出，泥鳅则游到沟、溜内栖息。第二次排水在第一次排水后1～2天进行，主要排放沟、溜中的水。当鳅集于沟、溜中时，先用抄网将其捕起，再用铁丝制成的抄网连泥一并捞起，挑出泥鳅放入容器。最后还可用手配合翻泥捕尽稻田中鳅鱼。干塘捕捉少量残留泥鳅，可据泥鳅钻泥所留的洞，翻泥掘土将泥鳅捕获。泥鳅钻入淤泥中的洞，圆形或椭圆形，洞径视泥鳅大小而定，一般成鳅洞径1～2厘米，洞深随泥鳅的大小、淤泥的厚度、水温等变化。一般夏天洞深20～30厘米，冬天30～50厘米。掘洞时手指并拢，双手各距洞左右20～30厘米，相对垂直插入到适当的深度或碰到硬的底泥时，双手手指向内弯曲，各前进一掌距离。然后两手用力向上翻开所掘泥土，泥鳅即在该块裂开的泥土中而被抓获。有些稻田中的泥土已硬，可直接寻洞用锄头、铲子等翻土挖泥鳅。

（五）挖捕

秋后水温逐渐降低，泥鳅畏寒纷纷钻入池底淤泥中，此时可逐渐放干池水，用铁锹等工具逐块翻泥捕捉。为了不使鳅体受伤，应尽量徒手捕捉，也可将含泥鳅的淤泥挖入铁筛中，再用清水冲击泥土而捕获。

（六）拉网捕捞泥鳅

仲春后到中秋泥鳅摄食旺盛，可用捕捞家鱼鱼苗、鱼种的拉网，或专门编织的拉网扦捕养殖泥鳅。用长带形的网具包围池塘或一部分水域，拔收两端曳纲和网具，逐步缩小包围圈，迫使泥鳅进入网内而被捕获。作业前先清除水中的障碍物，如食场木桩等，然后将鱼粉或炒米糠、麦麸等香味浓厚的饵料做成团状的硬性饵料，放入食场处作为诱饵，等泥鳅进食场摄食时下网快速扦捕，起捕率更高。

（七）鳅袋捕泥鳅

用麻袋、聚乙烯布袋，内放破网片、树叶、水草等，并放入诱饵，定时提起袋子捕获泥鳅。此法多用在稻田内。选择晴朗天气，先将稻田中鱼溜、水沟中的水慢慢放完，等傍晚时再将水缓缓注回鱼溜、水沟，同时将捕鳅袋放入鱼溜中。在袋内放些树叶、水草等，使其鼓起，并放入饵料。饵料由炒熟的米糠、麦麸、蚕蛹粉、鱼粉等与等量的泥土或腐殖土混合后做成粉团并晾干，也可用聚乙烯网布包裹饵料。作业时，把饵料包或面团放入袋内，泥鳅到袋内觅食，就能捕捉到。这种方法在4、5月作业以白天为好；而入冬前、8月后捕，应在夜晚放袋，翌日清晨太阳尚未升起之前取出，效果较佳。

（八）灯火照捕

泥鳅喜欢下半夜活动，在上半夜捕捉泥鳅可用灯火照捕。此法适用于捕捉天然水体中的泥鳅。

（九）盆捕

将盆内放入煮熟的猪、羊骨头等，盆口蒙上一块白布，布中央开一个比泥鳅略粗的圆孔，将盆口朝下按入泥底，使盆口与池底相平，诱使泥鳅从小孔钻入摄食而被捕获。

（十）冲捕

在靠近水口的地方设置鱼网，然后从进水口放水，用激流水刺激泥鳅，因其有逆水逃逸的特性，所以泥鳅在进水口附近集群，待一定时间后可将鱼网提起而将泥鳅捕获。

第二节　泥鳅的蓄养

（一）出售前的蓄养

养殖的或养成的泥鳅，捕起以后，要先经过1～3天的清水（不投饵）蓄养，才能外运销售。蓄养的目的：一是去掉鱼肉的泥腥味；二是使肠内的内含物全部排出，降低暂养和运输中的耗氧量，减少死亡，提高运输成活率。

常用的蓄养方法有鱼篓蓄养和木桶蓄养两种。

1. 鱼篓蓄养　常用的泥鳅蓄养篓，口径24厘米，底径65厘米，深24厘米。放在静水中蓄养时，一篓装鱼7～8千克，流水中装15～20千克。篓放在水中时，要有1/3露在水面上，以保证泥鳅能行肠呼吸。水流要很缓慢，如太急，泥鳅容易患粘细菌病。

2. 木桶蓄养　用木桶蓄养时，容量72升的大木桶可放鱼10千克。开始每天要换水4～5次，两天后每天换水2～3次，每次换桶内水量的1/3左右。

（二）长期蓄养

冬季出售泥鳅，价格较高，所以饲养者往往把秋季捕捞的泥鳅蓄养到冬季。长时间蓄养泥鳅，应采用低温蓄养的办法。低温蓄养可在室内或室外进行，水温一定保持在5℃以上10℃以下，如果水温低于5℃，泥鳅就会被冻死。蓄养时可采用各种容器或设置大型水槽。一般盛水80～100千克的容器，可蓄养泥鳅10千克左右。蓄养前要促使泥鳅排出肠内含物，并用3%～5%食盐浸泡5～10分钟，然后才进行蓄养。蓄养期间一般每隔7～10天换水一次，注意检查水温。如水温在10℃以上，泥鳅就会浮到水面上进行肠呼吸，这时应采取紧急措施，充气增氧，同时要设法使水温徐徐降到10℃以下。蓄养在室外的，尤其要注意防止夜间水温急剧变化，具体措施是在蓄养槽上加盖。

第三节　泥鳅的越冬

在我国除南方地区终年水温不低于15℃外，一般地区一年中泥鳅的饲养期为7～10个月，其余时间为越冬期。水温降至10℃左右时泥鳅就会进入冬眠期。冬季泥鳅钻入泥土中15厘米深处越冬。由于其体表可分泌黏液，体表及周围保持湿润，即使1个月不下雨也不会死亡。

1. 越冬前准备　泥鳅越冬前必须积蓄营养和能量应加强越冬前饲养管理，多投喂营养丰富的饲料，让泥鳅吃饱吃好，以利越冬。饲料配比应为动物性和植物性饲料各占50%。随着水温的下降，泥鳅的摄食量开始下降，这时投饲量应逐渐减少。水温降至15℃时，只需日投喂泥鳅体重1%的饲料。水温降至13℃以下时可停止投饲。当水温5℃时，泥鳅就潜入淤泥深处越冬。

泥鳅越冬除了要有足够的营养和能量及良好的体质外，还要有良好的越冬环境。

2. 选好越冬场所　要选择背风向阳，保水性能好，池底淤泥厚的池塘作为越冬池。为便于越冬，越冬池蓄水要比一般池塘深，保证越冬池有充足良好的水源条件。越冬前要对越冬池、食场等清整消毒，防止有毒有害物质危害泥鳅越冬。

3. 适当施肥　越冬池消毒清理后，入池前先施用适量有机肥料，可用猪、牛、家禽等粪便撒铺于池底，增加淤泥层的厚度，发酵增温，为泥鳅越冬提供较为理想的“温床”，以利于保温越冬。

4. 选好越冬泥鳅　越冬泥鳅要求规格大、体质健壮、无病无伤。这样的泥鳅抗寒、抗病能力较强，有利于越冬成活率的提高。越冬池泥鳅的放养密度可比常规饲养期高2～3倍。

5. 采取防寒措施　加强越冬期间的注、排水管理。水温2～10℃。池水水位应比平时略高，水深1.5～2米。加注新水时应尽可能用地下水，或在池塘或水田中开挖深度30厘米以上的坑、溜，使底层温度有一定的保障。在坑、溜上加盖稻草保温效果更好。如果是农家庭院用小坑使泥鳅自然越冬，可将越冬泥鳅适当集中，上面加铺畜禽粪便保温，效果更好。

此外，还可采用越冬箱进行越冬。方法是：制作木质越冬箱，规格为（90～100）厘米×（25～35）厘米×（20～25）厘米，箱内装细软泥土18～20厘米，每箱可放养6～8千克泥鳅。土和泥鳅要分层装箱。装箱时，要先放3～4厘米厚的细土，再放2千克左右泥鳅，如此装3～5层，最后装满细软泥土，钉好箱盖。箱盖上事先打6～8个小孔，以便通气。箱盖钉牢后，选择背风向阳的越冬池，将越冬箱沉入1米以下的水中，以利于泥鳅安全越冬。

第四节　泥鳅的运输

泥鳅的皮肤和肠均有呼吸功能，因而泥鳅的运输比较方便。按运输距离分近程运输、中程运输和远程运输；按泥鳅规格分苗种运输、成鳅运输和亲鳅运输；按运输工具分鱼篓鱼袋运输、箱运输和运输工具运输等；按运输方式分干法运输、带水运输和降温运输等。苗种运输相对要求较高，一般选用鱼篓和尼龙袋装水运输较好；成鳅对运输的要求低些，除远程运输需要尼龙袋装运外，均可因地制宜选用其他方式方法。

不论采用哪一种方法，泥鳅运输前均需暂养1～3天后才能启运。运输途中要注意水温的变化，及时捞除病伤死鳅，去除黏液，调节水温，防止阳光直射和风雨吹淋引起水温变化。运输途中，尤其是到达目的地时，应尽可能使运输泥鳅的水温与准备放养的环境水温相近，两者最大温差不能超过 5℃，否则会造成泥鳅死亡。

一、干法运输

干法运输就是采取无水湿法运输的方法，俗称“干运”，一般适用于成鳅短程运输。运输时，在泥鳅体表泼些水，或用水草包裹泥鳅，使泥鳅皮肤保持湿润，再置于袋、桶、筐等容器中，就可进行短距离运输。

1. 筐运法 装运泥鳅的筐用竹篾编织而成，长方形，规格为（80～90）厘米×（45～50）厘米×（20～30）厘米。筐内壁铺上麻布，避免鳅体受伤，一筐可装成鳅 15～20 千克，筐内盖些水草或瓜（荷）叶即可运输。此法适用于水温 15℃左右、3～5 小时的短途运输。

2. 袋运法 将泥鳅装入麻袋、草包或编织袋内，洒些水，或预先放些水草等在袋内，使泥鳅体表保持湿润，即可运输。此法适用于温度在 20℃以下，半天以内的短途运输。

二、降温运输

运输时间在 4～5 小时以上，尤其在天气炎热和中程运输时，必须采用降温运输。采用降温运输的泥鳅只能供应市场，不宜用来养殖，下池的成活率特别低。

1. 带水降温运输 一般 6 千克水可装 8 千克鳅。运输时冰块放在网兜内，并将其吊在容器上，使冰水慢慢地滴入容器内，达到降温目的。成活率较高，鳅体也不易受伤，一般在 12 个小时内可保证安全。水温 15℃左右，运输时间 5～6 小时内效果较好。

2. 运鱼筐降温干运　运鱼筐的内壁要敷上麻布，以利保持水分并避免损伤鱼体，每个可装鱼 16～20 千克。装鱼后 4～5 个筐上下套叠起来，上面加一个浅一点的盛冰筐，盛冰筐中装入用麻布包好的碎冰 10～15 千克，用绳子捆紧，即可进行运输。

3. 箱运法　箱用木板制作，木箱的结构有三层，上层为放冰的冰箱，中层为装鳅的鳅箱，下层为底盘。箱体规格为 50 厘米×35 厘米×8 厘米，箱底和四周钉铺 20 目的聚乙烯网布。如水温在 20℃以上时，先在上层的冰箱里装满冰块，让融化后的冰水慢慢滴入鳅箱。每层鳅箱装泥鳅 10～15 千克。再将这两个箱子与底盘一道扎紧，即可运输。这种运输方法适合于中、短途运输，运输时间在 30 小时以内的，成活率在 90%以上。

4. 低温休眠法运输　是把鲜活的泥鳅置于 5℃左右的低温环境，使之保持休眠状态的运送方法。一般采用冷藏车控温保温运输，适远程运输。

三、双重塑料薄膜袋充氧运输

这是目前比较先进的一种运输方法，可装载于车、船、飞机上远程运输。双重塑料薄膜袋一般为 30 厘米×28 厘米×65 厘米，每袋可装泥鳅 10 千克，在塑料薄膜袋加入少量水或冰后，充氧后扎紧袋口，再装入 32 厘米×35 厘米×45 厘米的硬纸箱内，每箱装 2 袋。气温高的时候，在箱内四角处各放一小冰袋降温，然后打包运输。如在 7～9 月运输，装袋前应对泥鳅采取“三级降温法”处理，即从水温 20℃以上的暂养容器中放入水温 18～20℃的容器中暂养 20～40 分钟后放入 14～15℃的容器中暂养 5～10 分钟，再放入 8～12℃的容器中暂养 3～5 分钟，然后装袋充氧运输。

四、帆布袋运输

路程较远，数量较多，特别是在出口运输时可采用该法。

先用铁条焊接成 3 $米^2$ 左右、高 0.8 米的筐形支架，筐口装入同等大小的帆布袋，用尼龙绳将帆布袋口各边的铝扣孔与筐口各边的铁条缠牢。运输前帆布袋取下晒干以延长使用时间，用这种容量的袋每次可装运 1 吨泥鳅。泥鳅起运时，往往产生大量黏液泡沫，且长时间不会消失。因此，装入泥鳅后应及时除去袋口水面的泡沫，以免造成水面与空气隔离。运输过程中每隔 48 小时换水一次，温度超过 35℃时应向袋内加入适量的冰块，以降低水温。用帆布袋运输，泥鳅死亡率在 2%以下。运载工具简单，可反复使用，是一种较为经济的运输方法。

附录

一、农产品安全质量无公害水产品产地环境要求

1 范围

GB/T 18407 的本部分规定了无公害水产品的产地环境、水质要求和检验方法。本部分适用于无公害水产品的产地环境的评价。

2 规范性引用文件

下列文件中的条款通过 GB/T 18407 的本部分的引用而成为本部分的条款。凡是注日期的引用文件，其随后所有的修改单（不包括勘误的内容）或修订版均不适用于本部分，然而，鼓励根据本部分达成协议的各方研究是否可使用这些文件的最新版本。

凡是不注日期的引用文件，其最新版本适用于本部分。

GB/T 8170 数值修约规则

GB 11607—1989 渔业水质标准

GB/T 14550 土壤质量 六六六和滴滴涕的测定 气相色谱法

GB/T 17134 土壤质量 总砷的测定 二乙基二硫代氨基甲酸银分光光度法

GB/T 17136 土壤质量 总汞的测定 冷原子吸收分光光度法

GB/T 17137 土壤质量 总铬的测定 火焰原子吸收分光

光度法

GB/T 17138　土壤质量铜、锌的测定　火焰原子吸收分光光度法

GB/T 17141　土壤质量铅、镉的测定　石墨炉原子吸收分光光度法

3　要求

3.1　产地要求

3.1.1　养殖地应是生态环境良好，无或不直接受工业“三废”及农业、城镇生活、医疗废弃物污染的水（地）域。

3.1.2　养殖地区域内及上风向、灌溉水源上游，没有对产地环境构成威胁的（包括工业“三废”、农业废弃物、医疗机构污水及废弃物、城市垃圾和生活污水等）污染源。

3.2　水质要求　水质质量应符合 GB 11607 的规定。

3.3　底质要求

3.3.1　底质无工业废弃物和生活垃圾，无大型植物碎屑和动物尸体。

3.3.2　底质无异色、异臭，自然结构。

3.3.3　底质有害有毒物质最高限量应符合表 1 的规定。

表 1　底质有害有毒物质最高限量

项　　目	指　　标 毫克/千克（湿重）
总汞	＝0.2
镉	＝0.5
铜	＝30
锌	＝150
铅	＝50
铬	＝50
砷	＝20
滴滴涕	＝0.02
六六六	＝0.5

4 检验方法

4.1 水质检验　按 GB 11607 规定的检验方法进行。

4.2 底质检验

4.2.1 总汞按 GB/T 17136 的规定进行。

4.2.2 铜、锌按 GB/T 17138 的规定进行。

4.2.3 铅、镉按 GB/T 17141 的规定进行。

4.2.4 铬按 GB/T 17137 的规定进行。

4.2.5 砷按 GB/T 17134 的规定进行。

4.2.6 六六六、滴滴涕按 GB/T 14550 的规定进行。

5 评价原则

5.1 无公害水产品的生产环境质量必须符合 GB/T 18407 的本部分的规定。

5.2 取样方法依据不同产地条件，确定按相应的国家标准和行业标准执行。

5.3 检验结果的数值修约按 GB/T 8170 执行。

二、无公害食品　淡水养殖用水水质
(NY 5051—2001)

1 范围

本标准规定了淡水养殖用水水质要求、测定方法、检验规则和结果判定。

本标准适用于淡水养殖用水。

2 规范性引用文件

下列文件中的条款通过本标准的引用而成为本标准的条款。

凡是注日期的引用文件，其随后所有的修改单（不包括勘误的内容）或修订版均不适用于本标准，然而，鼓励根据本标准达成协议的各方研究是否可使用这些文件的最新版本。凡是不注日期的引用文件，其最新版本适用于本标准。

GB/T 5750　生活饮用水标准检验法

GB/T 7466　水质　总铬的测定

GB/T 7468　水质　总汞的测定　冷原子吸收分光光度法

GB/T 7469　水质　总汞的测定　高锰酸钾-过硫酸钾消解法　双硫腙分光光度法

GB/T 7470　水质　铅的测定　双硫腙分光光度法

GB/T 7471　水质　镉的测定　双硫腙分光光度法

GB/T 7472　水质　锌的测定　双硫腙分光光度法

GB/T 7473　水质　铜的测定　2，9-二甲基-1，10-菲罗啉分光光度法

GB/T 7474　水质　铜的测定　二乙基二硫代氨基甲酸钠分光光度法

GB/T 7475　水质　铜、锌、铅、镉的测定　原子吸收分光光度法

GB/T 7482　水质　氟化物的测定　茜素磺酸锆目视比色法

GB/T 7483　水质　氟化物的测定　氟试剂分光光度法

GB/T 7484　水质　氟化物的测定　离子选择电极法

GB/T 7485　水质　总砷的测定　二乙基二硫代氨基甲酸银分光光度法

GB/T 7490　水质　挥发酚的测定　蒸馏后4-氨基安替比林分光光度法

GB/T 7491　水质　挥发酚的测定　蒸馏后溴化容量法

GB/T 7492　水质　六六六、滴滴涕的测定　气相色谱法

GB/T 8538　饮用天然矿泉水检验方法

GB 11607　渔业水质标准

GB/T 12997　水质　采样方案设计技术规定

GB/T 12998　水质　采样技术指导

GB/T 12999　水质采样　样品的保存和管理技术规定

GB/T 13192　水质　有机磷农药的测定　气相色谱法

GB/T 16488　水质　石油类和动植物油的测定　红外光度法

水和废水监测分析方法

3　要求

3.1　淡水养殖水源应符合 GB 11607 规定。

3.2　淡水养殖用水水质应符合表 1 要求。

表 1　淡水养殖用水水质要求

序号	项目	标准值
1	色、臭、味	不得使养殖水体带有异色、异臭、异味
2	总大肠菌群，个/L	＝5 000
3	汞，mg/L	＝0.000 5
4	镉，mg /L	＝0.005
5	铅，mg /L	＝0.05
6	铬，mg /L	＝0.1
7	铜，mg /L	＝0.01
8	锌，mg /L	＝0.1
9	砷，mg /L	＝0.05
10	氟化物，mg/L	＝1
11	石油类，mg /L	＝0.05
12	挥发性酚，mg /L	＝0.005
13	甲基对硫磷，mg /L	＝0.000 5
14	马拉硫磷，mg /L	＝0.005
15	乐果，mg /L	＝0.1
16	六六六（丙体），mg /L	＝0.002
17	DDT，mg /L	＝0.001

4 测定方法

淡水养殖用水水质测定方法见表2。

表2 淡水养殖用水水质测定方法

序号	项目	测定方法	测试方法标准编号	检测下限 mg/L
1	色、臭、味	感官法	GB/T 5750	—
2	总大肠菌群	(1) 多管发酵法 (2) 滤膜法	GB/T 5750	—
3	汞	(1) 原子荧光光度法	GB/T 8538	0.000 05
		(2) 冷原子吸收分光光度法	GB/T 7468	0.000 05
		(3) 高锰酸钾-过硫酸钾消解双硫腙分光光度 GB/T 7469		0.002
4	镉	(1) 原子吸收分光光度法	GB/T 7475	0.001
		(2) 双硫腙分光光度法	GB/T 7471	0.001
5	铅	(1) 原子吸收分光光度法 螯合萃取法	GB/T 7475	0.01
		(1) 原子吸收分光光度法 直接法		0.2
		(2) 双硫腙分光光度法	GB/T 7470	0.01
6	铬	二苯碳二肼分光光度法（高锰酸盐氧化法）	GB/T 7466	0.004
7	砷	(1) 原子荧光光度法	GB/T 8538	0.000 4
		(2) 二乙基二硫代氨基甲酸银分光光度法	GB/T 7485	0.007
8	铜	(1) 原子吸收分光光度法 螯合萃取法 直接法	GB/T 7475	0.001 0.05
		(2) 二乙基二硫代氨基甲酸钠分光光度法	GB/T 7474	0.010
		(3) 2，9-二甲基-1，10-菲罗啉分光光度法	GB/T 7473	0.06
9	锌	(1) 原子吸收分光光度法	GB/T 7475	0.05
		(2) 双硫腙分光光度法	GB/T 7472	0.005
10	氧化物	(1) 茜素磺酸锆目视比色法	GB/T 7483	0.05
		(2) 氟试剂分光光度法	GB/T 7484	0.05
		(3) 离子选择电极法	GB/T 7482	0.05

（续）

序号	项目	测定方法	测试方法标准编号	检测下限 mg/L
11	石油类	（1）红外分光光度法 （2）非分散红外光度法	GB/T 16488	0.01 0.02
		（3）紫外分光光度法	《水和废水监测分析方法》（国家环保局）	0.05
12	挥发酚	（1）蒸馏后 4-氨基安替比林分光光度法	GB/T 7490	0.002
		（2）蒸馏后溴化容量法	GB/T 7491	—
13	甲基对硫磷	气相色谱法	GB/T 13192	0.000 42
14	马拉硫磷	气相色谱法	GB/T 13192	0.000 64
15	乐果	气相色谱法	GB/T 13192	0.000 57
16	六六六	气相色谱法	GB/T 7492	0.000 04
17	DDT	气相色谱法	GB/T 7492	0.000 2

注：对同一项目有两个或两个以上测定方法的，当对测定结果有异议时，方法（1）为仲裁测定执行。

5　检验规则

检测样品的采集、贮存、运输和处理按 GB/T 12997、GB/T 12998 和 GB/T 12999 的规定执行。

6　结果判定

本标准采用单项判定法，所列指标单项超标，判定为不合格。

三、无公害食品　渔用配合饲料安全限量
（NY/T 5072—2002）

1　范围

本标准规定了渔用配合饲料安全卫生限量的要求、试验方

法、检验规则。

本标准适用于渔用配合饲料的成品，其他形式的渔用饲料可参照执行。

2　规范性引用文件

下列文件中的条款通过本标准的引用而成为本标准的条款。凡是注日期的引用文件，其随后所有的修改单（不包括勘误的内容）或修订版均不适用于本标准，然而，鼓励根据本标准达成协议的各方研究是否可使用这些文件的最新版本。凡是不注日期的引用文件，其最新版本适用于本标准。

GB/T 5009.45　水产品卫生标准的分析方法

GB/T 9675　海产食品中多氯联苯的测定方法

GB/T 13080　饲料中铅的测定方法

GB/T 13081　饲料中汞的测定方法

GB/T 13082　饲料中镉的测定方法

GB/T 13083　饲料中氟的测定方法

GB/T 13084　饲料中氰化物的测定方法

GB/T 13086　饲料中游离棉酚的测定方法

GB/T 13087　饲料中异硫氰酸酯的测定方法

GB/T 13088　饲料中铬的测定方法

GB/T 13089　饲料中噁唑烷硫酮的测定方法

GB/T 13090　饲料中六六六、滴滴涕的测定

GB/T 13091　饲料中沙门氏菌的检验方法

GB/T 13092　饲料中霉菌的检验方法

GB/T 14699.1　饲料采样方法

GB/T 17480　饲料中黄曲霉毒素 B_1 的测定　酶联免疫吸附法

SC 3501　鱼粉

SC/T 3502　鱼油

SN/T 0197　出口肉中喹乙醇残留量检验方法

允许作饲料药物添加剂的兽药品种及使用规定

3　要求

3.1　原料要求

3.1.1　加工渔用饲料所用原料应符合各类原料标准的规定，不得使用受潮、发霉、生虫、腐败变质及受到石油、农药、有害金属等污染的原料。

3.1.2　皮革粉应经过脱铬、脱毒处理。

3.1.3　大豆原料应经过破坏蛋白酶抑制因子的处理。

3.1.4　鱼粉的质量应符合 SC 3501 的规定。

3.1.5　鱼油的质量应符合 SC/T 3502 中二级精制鱼油的要求。

3.1.6　使用的药物添加剂种类及用量应符合农业部《允许作饲料药物添加剂的兽药品种及使用规定》中的规定。

3.2　安全卫生指标

渔用配合饲料的安全限量应符合表 1 规定。

表 1　渔用配合饲料的安全限量

项目	限量	适用范围
铅（以 Pb 计），mg/kg	=7.5	各类渔用饲料
汞（以 Hg 计），mg/kg	=0.5	各类渔用饲料
无机砷（以 As 计），mg/kg	=7.5	各类渔用饲料
镉（以 Cd 计），mg/kg	=3	虾类配合饲料
	=0.5	其他渔用配合饲料
铬（以 Cr 计），mg/kg	=10	各类渔用饲料
氟（以 F 计），mg/kg	=350	各类渔用饲料
喹乙醇，mg/kg	不得检出	各类渔用饲料
游离棉酚 mg/kg	=300	温水杂食性鱼类、虾类配合饲料
	=150	冷水性鱼类、海水鱼类配合饲料
氰化物，mg/kg	=50	各类渔用饲料
多氯联苯，mg/kg	=0.3	各类渔用饲料

（续）

项目	限量	适用范围
异硫氰酸酯，mg/kg	＝500	各类渔用饲料
噁唑烷硫酮，mg/kg	＝500	各类渔用饲料
油脂酸价（KOH），mg/g	＝2	渔用育成饲料
	＝6	渔用育苗饲料
	＝3	鳗鲡育苗饲料
黄曲霉毒素 B_1，mg/kg	＝0.01	各类渔用饲料
六六六，mg/kg	＝0.3	各类渔用饲料
滴滴涕，mg/kg	＝0.2	各类渔用饲料
沙门氏菌，cfu/25g	不得检出	各类渔用饲料
霉菌（不含酵母菌），cfu/g	＝3×10^4	各类渔用饲料

4　检验方法

4.1　铅的测定

按 GB/T 13080 规定进行。

4.2　汞的测定

按 GB/T 13081 规定进行。

4.3　无机砷的测定

按 GB/T 5009.45 规定进行。

4.4　镉的测定

按 GB/T 13082 规定进行。

4.5　铬的测定

按 GB/T 13088 规定进行。

4.6　氟的测定

按 GB/T 13083 规定进行。

4.7　游离棉酚的测定

按 GB/T 13086 规定进行。

4.8　氰化物的测定

按 GB/T 13084 规定进行。

4.9　多氯联苯的测定

按 GB/T 9675 规定进行。

4.10 异硫氰酸酯的测定

按 GB/T 13087 规定进行。

4.11 噁唑烷硫酮的测定

按 GB/T 13089 规定进行。

4.12 油脂酸价的测定

按 SC/T 3501 中规定进行。

4.13 黄曲霉毒素 B_1 的测定

按 GB/T 17480 规定进行。

4.14 喹乙醇的测定

SN/T 0197 规定进行。

4.15 六六六、滴滴涕的测定

按 GB/T 13090 规定进行。

4.16 沙门氏菌的检验

按 GB/T 13091 规定进行。

4.17 霉菌的检验

按 GB/T 13092 规定进行。

5　检验规则

5.1 组批

以生产企业中每天（班）生产的成品为一检验批，按批号抽样。在销售者或用户处按产品出厂包装的标示批号抽样。

5.2 抽样

渔用配合饲料产品的抽样按 GB/T 14699.1 中规定执行。

批量在 1t 以下时，按其袋数的四分之一抽取。批量在 1t 以上时，抽样袋数不少于 10 袋。沿堆积立面以“X”形或“W”型对各袋抽取。产品未堆垛时应在各部位随机抽取，样品抽取时一般应用钢管或铜制管制成的槽形取样器。由各袋取出的样品应充分混匀后按四分法分别留样。每批饲料的检验用样品不少于 500g。另有同样数量的样品作留样备查。

作为抽样应有记录，内容包括样品名称、型号、抽样时间、地点、产品批号、抽样数量、抽样人签字等。

5.3 判定

5.3.1 渔用配合饲料中所检的各项安全指标均应符合标准要求。

5.3.2 所检安全指标中有一项不符合标准规定时，允许加倍抽样将此项指标复验一次，按复验结果判定本批产品是否合格。经复检后所检指标仍不合格的产品则判为不合格品。

四、无公害食品　渔用药物使用准则
(NY 5071—2002)

1　范围

本标准规定了渔用药物使用的基本原则、渔用药物的使用方法以及禁用渔药。

本标准适用于水产增养殖中的健康管理及病害控制过程中的渔药使用。

2　规范性引用文件

下列文件中的条款通过本标准的引用而成为本标准的条款。凡是注日期的引用文件，其随后所有的修改单（不包括勘误的内容）或修订版均不适用于本标准。然而，鼓励根据本标准达成协议的各方研究是否可使用这些文件的最新版本。凡是不注日期的引用文件，其最新的版本适用于本标准。

NY 5070　无公害食品　水产品中渔药残留限量

NY 5072　无公害食品　渔用配合饲料安全限量

3　术语和定义

下列术语和定义适用于本标准。

3.1　渔用药物　fishery drugs

用以预防、控制和治疗水产动植物的病、虫、害，促进养殖品种健康生长，增强机体抗病能力以及改善养殖水体质量所使用的一切物质，简称“渔药”。

3.2　生物源渔药 biogenic fishery medicines

直接利用生物活体或生物代谢过程中产生的具有生物活性的物质或从生物体提取的物质作为防治水产动物病害的渔药。

3.3　渔用生物制品 fishery bioparate

应用天然或人工改造的微生物、寄生虫、生物毒素或生物组织及其代谢产物为原材料，采用生物学、分子生物学或生物化学等相关技术制成的、用于预防、诊断和治疗水产动物传染病和其他有关疾病的生物制剂。它的效价或安全性应采用生物学方法检定并有严格的可靠性。

3.4　休药期 withdrawal time

最后停止给药日至水产品作为食品上市出售的最短时间。

4　药物使用基本原则

4.1　渔用药物的使用应以不危害人类健康和不破坏水域生态环境为基本原则。

4.2　水生动植物增养殖过程中对病虫害的防治，坚持“以防为主、防治结合”。

4.3　渔药的使用应严格遵循国家和有关部门的有关规定，严禁生产、销售和使用未经取得生产许可证、批准文号、生产执行标准的渔药。

4.4　积极鼓励研制、生产和使用“三效”（高效、速效、长效）、“三小”（毒性小、副作用小、用量小）的渔药，提倡使用水产专用渔药、生物源渔药和渔用生物制品。

4.5 病害发生时应对症用药，防止滥用渔药与盲目增大用药量或增加用药次数、延长用药时间。

4.6 食用鱼上市前，应有相应的休药期。休药期的长短，应确保上市水产品的药物残留限量符合 NY 5070 要求。

4.7 水产饲料中药物的添加应符合 NY 5072 要求，不得选用国家规定禁止使用的药物或添加剂，也不得在饲料中长期添加抗菌药物。

5 渔用药物使用方法

各类渔用药物的使用方法见表 1。

表 1 渔用药物使用方法

渔药名称	用途	用法与用量	休药期/d	注意事项
氧化钙（生石灰）calciioxydum	用于改善池塘环境，清除敌害生物及预防部分细菌性鱼病	带水清塘：200 mg/L～250mg/L（虾类：350 mg/L～400mg/L）全池泼洒：20mg/L（虾类：15mg/L～30mg/L）		不能与漂白粉、有机氯、重金属盐、有机络合物混用。
漂白粉 bleaching powder	用于清塘、改善池塘环境及防治细菌性皮肤病、烂鳃病出血病	带水清塘：20mg/L 全池泼洒 1.0mg/L～1.5mg/L	=5	1. 勿用金属容器盛装。 2. 勿与酸、铵盐、生石灰混用。
二氯异氰尿酸钠 sodium dichloroisocyanurate	用于清塘及防治细菌性皮肤溃疡病、烂鳃病、出血病	全池泼洒：0.3 mg/L～0.6mg/L	=10	勿用金属容器盛装。
三氯异氰尿酸 trichlorosisocy anuric acid	用于清塘及防治细菌性皮肤溃疡病、烂鳃病、出血病	全池泼洒：0.2 mg/L～0.5mg/L	=10	1. 勿用金属容器盛装。 2. 针对不同的鱼类和水体的 pH，使用量应适当增减。

（续）

渔药名称	用途	用法与用量	休药期/d	注意事项
二氧化氯 chlorine dioxide	用于防治细菌性皮肤病、烂鳃病、出血病	浸浴：20mg/L～40mg/L，5min～10min 全池泼洒：0.1mg/L～0.2mg/L，严重时 0.3mg/L～0.6mg/L	≥10	1. 勿用金属容器盛装。 2. 勿与其他消毒剂混用。
二溴海因	用于防治细菌性和病毒性疾病	全池泼洒：0.2mg/L～0.3mg/L		
氯化钠（食盐）sodium choiride	用于防治细菌、真菌或寄生虫疾病	浸浴：1%～3%，5min～20min		
硫酸铜（蓝矾、胆矾、石胆）copper sulfate	用于治疗纤毛虫、鞭毛虫等寄生性原虫病	浸浴：8mg/L（海水鱼类（8mg/L～10mg/L），15min～30min：0.5mg/L～0.7mg/L 全池泼洒（海水鱼类：0.7mg/L～1.0mg/L）		1. 常与硫酸亚铁合用。 2. 广东鲂慎用。 3. 勿用金属容器盛装。 4. 使用后注意池塘增氧。 5. 不宜用于治疗小瓜虫病。
硫酸亚铁（硫酸低铁、绿矾、青矾）ferrous sulphate	用于治疗纤毛虫、鞭毛虫等寄生性原虫病	全池泼洒：0.2mg/L（与硫酸铜合用）		1. 治疗寄生性原虫病时需与硫酸铜合用。 2. 乌鳢慎用。
高锰酸钾（锰酸钾、灰锰氧、锰强灰）potassium permanganate	用于杀灭锚头鳋	浸浴：10mg/L～20mg/L，15min～30min 全池泼洒：4mg/L～7mg/L		1. 水中有机物含量高时药效降低。 2. 不宜在强烈阳光下使用。

（续）

渔药名称	用途	用法与用量	休药期/d	注意事项
四烷基季铵盐络合碘（季铵盐含量为50%）	对病毒、细菌、纤毛虫、藻类有杀灭作用	全池泼洒：0.3mg/L（虾类相同）		1. 勿与碱性物质同时使用。 2. 勿与阴性离子表面活性剂混用。 3. 使用后注意池塘增氧。 4. 勿用金属容器盛装。
大蒜 crow's treacle，garlic	用于防治细菌性肠炎	拌饵投喂：10g/kg体重～30g/kg体重，连用4d～6d（海水鱼类相同）		
大蒜素粉（含大蒜素10%）	用于防治细菌性肠炎	0.2g/kg体重，连用4d～6d（海水鱼类相同）		
大黄 medicinal rhubarb	用于防治细菌性肠炎、烂鳃	全池泼洒：2.5 mg/L～4.0mg/L（海水鱼类相同）拌饵投喂：5g/kg体重～10g/kg体重，连用4d～6d（海水鱼类相同）		投喂时常与黄芩、黄柏合用（三者比例为5：2：3）。
黄芩 raikai skullcap	用于防治细菌性肠炎、烂鳃、赤皮、出血病	拌饵投喂：2g/kg体重～4g/kg体重，连用4d～6d（海水鱼类相同）		投喂时常与大黄、黄柏合用（三者比例为2：5：3）。
黄柏 amur corktree	用于防治细菌性肠炎、出血	拌饵投喂：3g/kg体重～6g/kg体重，连用4d～6d（海水鱼类相同）		投喂时常与大黄、黄芩合用（三者比例为3：5：2）。
五倍子 Chinese sumac	用于防治细菌性烂鳃、赤皮、白皮、疖疮	全池泼洒：2mg/L～4mg/L（海水鱼类相同）		

（续）

渔药名称	用途	用法与用量	休药期/d	注意事项
穿心莲 common andrographis	用于防治细菌性肠炎、烂鳃、赤皮	全池泼洒：15mg/L～20mg/L拌饵投喂：10g/kg体重～20g/kg体重，连用4d～6d		
苦参 lightyellow sophora	用于防治细菌性肠炎、竖鳞	全池泼洒：1.0mg/L～1.5mg/L拌饵投喂：1g/kg体重～2g/kg体重，连用4d～6d		
土霉素 oxytetracycline	用于治疗肠炎病、弧菌病	拌饵投喂：50mg/kg体重～80mg/kg体重，连用4d～6d（海水鱼类相同，虾类：50mg/kg体重～80mg/kg体重，连用5d～10d）	=30（鳗鲡）=21（鲶鱼）	勿与铝、镁离子及卤素、碳酸氢钠、凝胶合用。
噁喹酸 oxolinic acid	用于治疗细菌肠炎病、赤鳍病、香鱼、对虾弧菌病，鲈鱼结节病，鲱鱼疖疮病	拌饵投喂：10mg/kg体重～30mg/kg体重，连用5d～7d（海水鱼类1mg/kg体重～20mg/kg体重；对虾：6mg/kg体重～60mg/kg体重，连用5d）	=25（鳗鲡）=21（鲤鱼、香鱼）=16（其他鱼类）	用药量视不同的疾病有所增减。
磺胺嘧啶（磺胺哒嗪）sulfadiazine	用于治疗鲤科鱼类的赤皮病、肠炎病，海水鱼链球菌病	拌饵投喂：100mg/kg体重连用5d（海水鱼类相同）		1. 与甲氧苄啶（TMP）同用，可产生增效作用。 2. 第一天药量加倍。
磺胺甲噁唑（新诺明、新明磺）sulfameghoxazole	用于治疗鲤科鱼类的肠炎病	拌饵投喂：100mg/kg体重，连用5d～7d		1. 不能与酸性药物同用。 2. 与甲氧苄啶（TMP）同用，可产生增效作用。 3. 第一天药量加倍。

（续）

渔药名称	用途	用法与用量	休药期/d	注意事项
磺胺间甲氧嘧啶（制菌磺、磺胺-6-甲氧嘧啶）sulfamonomethoxine	用鲤科鱼类的竖鳞病、赤皮病及弧菌病	拌饵投喂：50mg/kg 体重～100mg/kg 体重，连用 4d～6d	≥37（鳗鲡）	1. 与甲氧苄啶（TMP）同用，可产生增效作用。 2. 第一天药量加倍。
氟苯尼考 florfenicol	用于治疗鳗鲡爱德华氏病、赤鳍病	拌饵投喂：10.0mg/kg 体重，连用 4d～6d	≥7（鳗鲡）	
聚维酮碘（聚乙烯吡咯烷酮碘、皮维碘、PVP-1、伏碘）（有效碘 1.0%）povidone-iodine	用于防治细菌烂鳃病、弧菌病、鳗鲡红头病。并可用于预防病毒病：如草鱼出血病、传染性胰腺坏死病、传染性造血组织坏死病、病毒性出血败血症	全池泼洒：海、淡水幼鱼、幼虾：0.2mg/L～0.5mg/L 海、淡水成鱼、成虾：1mg/L～2mg/L 鳗鲡：2mg/L～4mg/L 浸浴：草鱼种：30mg/L，15min～20min 鱼卵：30mg/L～50mg/L（海水鱼卵 25mg/L～30mg/L），5min～15min		1. 勿与金属物品接触。 2. 勿与季铵盐类消毒剂直接混合使用。

注 1：用法与用量栏未标明海水鱼类与虾类的均适用于淡水鱼类。

注 2：休药期为强制性。

6　禁用渔药

严禁使用高毒、高残留或具有三致毒性（致癌、致畸、致突变）的渔药。严禁使用对水域环境有严重破坏而又难以修复的渔药，严禁直接向养殖水域泼洒抗菌素，严禁将新近开发的人用新药作为渔药的主要或次要成分。禁用渔药见表 2。

表2　禁用渔药

药物名称	化学名称（组成）	别名
地虫硫磷 fonofos	0-2基-S苯基二硫代磷酸乙酯	大风雷
六六六 BHC（HCH）bnzem，bexachloridge	1，2，3，4，5，6-六氯环己烷	
林丹 lindane，agammaxare，gamma-BHCgamma—HCH	γ-1，2，3，4，5，6-六氯环己烷	丙体六六六
毒杀芬 Camphechhlor（ISO）	八氯莰烯	氯化莰烯
滴滴涕 DDT	2，2-双（对氯苯基）-1，1，1-三氯乙烷	
甘汞 calomel	二氯化汞	
硝酸亚汞 mercurous nitrate	硝酸亚汞	
醋酸汞 mercuric acetate	醋酸汞	
呋喃丹 carbofuran	2，3-氢-2，2-二甲基-7-苯并呋喃-甲基氨基甲酸酯	克百威、大扶农
杀虫脒 chlordimeform	N-（2-二甲基4-氯苯基）-N'，N'-二甲基甲脒盐酸盐	克死螨
双甲脒 anitraz	1，5-双-（2，4-二甲基苯基）-3-甲基1，3，5-三氮戊二烯-1，4	二甲苯胺脒
氟氯氰菊酯 flucyghrinate	α-氰基-3-苯氧基-4-氟苄基（IR，3R）-3-（2，2-二氯乙烯基）-2，2-二甲基环丙烷羧酸酯	百树菊酯、百树得
五氯酚钠 PCP-Na	五氯酚钠	
孔雀石绿 malachite green	$C_{23}H_{25}CIN_2$	碱性绿、盐基块绿、孔雀绿
锥虫胂胺 tryparsamide		
酒石酸锑钾 anitmony potassium tartrate	酒石酸锑钾	
磺胺噻唑 sulfathiazolum ST，norsultazo	2-（对氨基苯碘酰胺）—噻唑	消治龙
磺胺脒 sulfaguanidine	N1-脒基磺胺	磺胺胍
呋喃西林 furacillinum，nitrofurazone	5-硝基呋喃醛缩氨基脲	呋喃新
呋喃唑酮 furazolidonum，nifulidone	3-（5-硝基糠叉胺基）-2-噁唑烷酮	痢特灵

（续）

药物名称	化学名称（组成）	别名
呋喃那斯 furanace，nifurpirinol	6-羟甲基-2-[-5-硝基-2-呋喃基乙烯基] 吡啶	P-7138（实验名）
氯霉素（包括其盐、酯及制剂）chloramphennicol	由委内瑞拉链霉素生产或合成法制成	
红霉素 erythromycin	属微生物合成，是 Streptomyces erythreus 生产的抗生素	
杆菌肽锌 zinc bacitracin premin	由枯草杆菌 Bacillus subtilis 或 B. leicheniformis 所产生的抗生素，为一含有噻唑环的多肽化合物	枯草菌肽
泰乐菌素 tylosin	S. fradiae 所产生的抗生素	
环丙沙星 ciprofloxacin（CIPRO）	为合成的第三代喹诺酮类抗菌药，常用盐酸盐水合物	环丙氟哌酸
阿伏帕星 avoparcin		阿伏霉素
喹乙醇 olaquindox	喹乙醇	喹酰胺醇羟乙喹氧
速达肥 fenbendazole	5-苯硫基-2-苯并咪唑	苯硫哒唑氨甲基甲酯
己烯雌酚（包括雌二醇等其他类似合成等雌性激素）diethylstilbestrol，stilbestrol	人工合成的非甾体雌激素	乙烯雌酚，人造求偶素
甲基睾丸酮（包括丙酸睾丸素、去氢甲睾酮以及同化物等雄性激素）methyltestosterone，metandren	睾丸素 C17 的甲基衍生物	甲睾酮甲基睾酮

五、无公害食品　水产品中渔药残留限量
（NY 5070—2002）

1　范围

本标准规定了无公害水产品中渔药残留的最高限量。

本标准适用于养殖的水产品及初级加工水产品、冷冻水产品，其他水产加工品可以参照使用。

2　规范性引用文件

下列文件中的条款通过本标准的引用而成为本标准的条款。凡是注日期的引用文件，其随后所有的修改单（不包括勘误的内容）或修订版均不适用于本标准，然而，鼓励根据本标准达成协议的各方研究是否可使用这些文件的最新版本。凡是不注日期的引用文件，其最新版本适用于本标准。

GB/T 14929.4　食品中氯氰菊酯、氰戊菊酯和溴氰菊酯残留量测定方法

GB/T 14931.1　畜禽肉中土霉素、四环素、金霉素残留量测定方法（高效液相色谱法）

GB/T 5009.20　食品中有机磷农药残留量的测定方法

SC/T 3303　冻烤鳗

NY 5071　无公害食品　渔用药物使用准则

SN/T 0197　出口肉中喹乙醇残留量检验方法

SN/T 0199　出口肉中甲砜霉素残留量检验方法

SN/T 0206　出口鳗鱼中噁喹酸残留量的检验方法

SN/T 0208　出口肉中十种磺胺残留量的检验方法

SN/T 0282　出口肉中乙氧喹残留量的检验方法　荧光光度法

SN/T 0289　出口禽肉中二甲硝咪唑残留量的检验方法

SN/T 0341　出口肉及肉制品中氯霉素残留量的检验方法

SN/T 0530　出口肉中呋喃唑酮残留量的检验方法　液相色谱法

SN/T 0538　出口肉品中红霉素残留量的检验方法　杯碟法

3　术语和定义

下列术语和定义适用于本标准。

3.1　渔用药物 fishery drugs

水产增养殖过程中用于预防、控制和治疗水产动、植物的病、虫、害，促进养殖品种健康生长，增强机体抗病能力以及改善养殖水体质量的一切物质。简称渔药。

3.2　渔药残留 residues of fishery drugs

在水产品的任何食用部分中渔药的原型化合物或/和其代谢产物，并包括与药物本体有关杂质的残留。

3.3　最高残留限量　maximum residue limit（mRL）

对水产动、植物用药后产生的允许存在于食物表面或内部的该药（或标志残留物）的最高量/浓度（以鲜重计，表示为：μg/kg 或 mg/kg）。

4　要求

4.1　渔药及其使用

渔药应符合国家有关兽药管理规定，使用时按 NY 5071 的要求进行。

4.2　水产品中渔药残留限量要求

水产品中渔药残留限量要求见表1。

表1　水产品中渔药残留限量

<table>
<tr><th colspan="2" rowspan="2">药物类别</th><th colspan="2">药物名称</th><th rowspan="2">指标（mRL）μg/kg</th><th rowspan="2">方法检出限 μg/kg</th></tr>
<tr><th>中文</th><th>英文</th></tr>
<tr><td rowspan="7">抗生素类</td><td>氨基糖甙类</td><td>链霉素</td><td>Streptomycin</td><td>500</td><td>100</td></tr>
<tr><td rowspan="3">四环素</td><td>金霉素</td><td>Chlortetracycline</td><td>100</td><td>50</td></tr>
<tr><td>土霉素</td><td>Oxytetracycline</td><td>100</td><td>50</td></tr>
<tr><td>四环素</td><td>Tetracycline</td><td>100</td><td>50</td></tr>
<tr><td rowspan="2">氯霉素类</td><td>氯霉素</td><td>Chloramphenicol</td><td>不得检出</td><td>10</td></tr>
<tr><td>甲砜霉素</td><td>Thiamphenicol</td><td>不得检出</td><td>500</td></tr>
<tr><td>大环内脂类</td><td>红霉素</td><td>Erythromycin</td><td>100</td><td>50</td></tr>
</table>

（续）

药物类别	药物名称		指标（mRL）μg/kg	方法检出限 μg/kg
	中文	英文		
磺胺类及增效剂	磺胺嘧啶	Sulfadiazine	100	5
	磺胺甲基嘧啶	Sulfamerazine	100	10
	磺胺二甲基嘧啶	Sulfamethazine	100	10
	磺胺二甲氧基嘧啶	Sulfadimethxoine	100	5
	磺胺异噁唑	Sulfisoxazole	100	5
	甲氧苄啶	Trimethoprim	50	20
喹诺酮类	环丙沙星	Ciprofloxacin	50	10
	恩诺沙星	Enrofloxacin	50	10
	诺氟沙星	Norfloxacin	50	10
	噁喹酸	Oxilinic acid	不得检出	40
硝基呋喃类	呋喃唑酮	Furazolidone	不得检出	10
硝基咪唑类	二甲硝咪唑	Dimetronidazole	不得检出	5
	甲硝咪唑	metronidzole	不得检出	5
生长调节剂及激素	己烯雌粉	Diethylstilbestrol	不得检出	1
	喹乙醇	Olaquindox	不得检出	50
	甲基睾丸酮	methltestostone	不得检出	
抗氧化剂	乙氧喹	Ethoxyquin	500	50
其他药物	敌百虫	Trichlorfon	100	30
	孔雀石绿	malachitegreen	不得检出	
	溴氰菊酯	Deletamezhrin	100	20

5 试验方法

5.1 溴氰菊酯

溴氰菊酯的测定按 GB/T 14929.4 的规定。

5.2 土霉素、四环素、金霉素

土霉素、四环素、金霉素的测定按 GB/T 14931.1 的规定。

5.3 敌百虫

敌百虫的测定按 GB/T 5009.20 的规定。

5.4 喹乙醇

喹乙醇的测定按 SN/T 0197 的规定。

5.5　甲砜霉素

甲砜霉素的测定按 SN/T 0199 的规定。

5.6　噁喹酸

噁喹酸的测定按 SN/T 0206 的规定。

5.7　磺胺类

磺胺类中的磺胺甲基嘧啶、磺胺二甲基嘧啶的测定按 SC/T3303 的规定，其他磺胺类按 SN/T 0208 的规定。

5.8　乙氧喹

乙氧喹的测定按 SN/T 0282 的规定。

5.9　二甲硝咪唑、甲硝咪唑

二甲硝咪唑、甲硝咪唑的测定按 SN/T 0289 的规定。

5.10　氯霉素

氯霉素的测定按 SN/T 0341 的规定。

5.11　红霉素

红霉素的测定按 SN/T 0538 的规定。

5.12　呋喃唑酮

呋喃唑酮的测定按 SN/T 0530 的测定。

5.13　己烯雌酚

己烯雌酚的测定采用酶联免疫法。

6　检验规则

6.1　抽样

6.1.1　组批规则

同一水产养殖场内，在品种、养殖时间、养殖方式基本相同的养殖水产品为一批（同一养殖池，或多个养殖池）；水产加工品按批号抽样，在原料及生产条件基本相同下同一天或同一班组生产的产品为一批。

6.1.2　抽样方法

6.1.2.1 养殖水产品

随机从各养殖池抽取有代表性的样品，取样量见表 2。

表 2　养殖水产品取样量

养殖水产品数量（尾或只）	取样量（尾或只）
500 以内	2
500～1 000	4
1 001～5 000	10
5 001～10 000	20
＝10 001	30

6.1.2.2 水产加工品

每批抽样本以箱为单位，100 箱以内取 3 箱，以后每增加 100 箱（包括不足 100 箱）则抽 1 箱。

按所取样本从每箱内各抽取样品不少于 3 袋，每批取样量不少于 10 袋。

6.2 试样的制备

从样本中取有代表性的样品，通过细切、绞肉机绞碎、缩分，使其混合均匀；按规定的方法进行测定；鱼、虾、贝、藻等各类样品量不少于 200g。

鱼：先将鱼体表面杂质洗净，去掉鳞、内脏、取肉（包括脊背和腹部）和皮一起绞碎，特殊要求除外。

中华鳖：去头，放出血液，取其肌肉包括裙边，绞碎后进行测定。

虾：洗净后，去头、壳，取其肌肉进行测定。

鲜的、冷冻的牡蛎、蛤蜊等：要把肉和液体调制均匀后进行分析测定。

混匀的样品，如不及时分析，应置于清洁、密闭的玻璃容器，冰冻保存。

6.3 判定规则

水产品中所检的渔药残留各指标均应符合本标准的要求，各项指标中的极限值采用修约值比较法。超过限量标准规定时，允许加倍抽样将此项指标复验一次，按复验结果判定本批产品是否合格。经复检后所检指标仍不合格的产品则判为不合格品。

六、无公害食品　黄鳝养殖技术规范
（NY/T 5169—2002）

1　范围

本标准规定了黄鳝（*Monopterus albus* Zuiew）无公害饲养的环境条件、苗种培育、食用鳝饲养和鳝病防治。

本标准适用于黄鳝的无公害土池饲养、水泥池饲养和网箱饲养。

2　规范性引用文件

下列文件中的条款通过本标准的引用而成为本标准的条款。凡是注日期的引用文件，其随后所有的修改单（不包括勘误的内容）或修订版均不适用于本标准，然而，鼓励根据本标准达成协议的各方研究是否可使用这些文件的最新版本。凡是不注日期的引用文件，其最新版本适用于本标准。

GB 11607　渔业水质标准

GB/T 18407.4—2001　农产品安全质量　无公害水产品产地环境要求

NY 5051　无公害食品　淡水养殖用水水质

NY 5071　无公害食品　渔用药物使用准则

NY 5072　无公害食品　渔用配合饲料安全限量

SC/T 1006　淡水网箱养鱼　通用技术要求

3　环境条件

3.1　饲养场地的选择

应符合 GB/T 18407.4—2001 中 3.1 和 3.3 的规定。选择环境安静、水源充足、进排水方便的地方兴建饲养场。

3.2　饲养用水

3.2.1　水源水质

水源水质应符合 GB 11607 的规定。

3.2.2　饲养池水质

饲养池水质应符合 NY 5051 的规定。

3.3　鳝池和网箱要求

3.3.1　鳝池要求

鳝池为土池或水泥池，其要求以符合表 1 为宜。

表 1　鳝池要求

<table>
<tr><th>鳝池类别</th><th>面积（m²）</th><th>池深（cm）</th><th>水深（cm）</th><th>水面离池上沿距离（cm）</th><th>进排水口</th></tr>
<tr><td>苗种池</td><td>2～10</td><td>40～50</td><td>10～20</td><td>＝20</td><td rowspan="2">进排水口直径 3cm～5cm，并用网孔尺寸为 0.250mm 的筛绢网片罩住；进水口高出水面 20cm，排水口位于池的最低处。</td></tr>
<tr><td>食用鳝饲养池</td><td>2～30</td><td>70～100</td><td>10～30</td><td>＝30</td></tr>
</table>

3.3.2　网箱要求

3.3.2.1　网箱制作

选用聚乙烯无结节网片，网孔尺寸 1.18mm～0.80mm，网箱上下纲绳直径 0.6cm，网箱面积 $15m^2$～$20m^2$ 为宜。

3.3.2.2　网箱设置

池塘网箱应设置在水深大于 1.0m 处，水面面积宜在 $500m^2$ 以上，网箱面积不宜超过水面面积的三分之一，网箱吃水深度约为 0.5m，网箱上沿距水面和网箱底部距水底应各为 0.5m 以上。其他水域的网箱设置应符合 SC/T 1006 的规定。

3.4　放养前的准备

3.4.1　鳝池准备

土池和有土水泥池在放养前 10d～15d 用生石灰 150g/m^2～200g/m^2 消毒，再注入新水至水深 10cm～20cm；无土水泥池池底应光滑，在放养前 15d 加水 10cm 左右，用生石灰 75g/m^2～100g/m^2 或漂白粉（含有效氯 28%）10g/m^2～15g/m^2，全池泼洒消毒，然后放干水再注入新水至水深 10cm～20cm。池内放养占池面积三分之二的凤眼莲。

3.4.2　网箱准备

放养前 15d 用 20mg/L 高锰酸钾浸泡网箱 15min～20min，将喜旱莲子草或凤眼莲放到网箱里并使其生长。在网箱内设置一个长 60cm、宽 30cm，与水面成 30℃ 角左右的饲料台，沿网箱长边靠水摆放。

4　苗种培育

4.1　培育方式

培育方式宜采用水泥池微流水培育。

4.2　鳝苗放养

4.2.1　鳝苗来源

鳝苗来源有：

——从原产地采捕自然繁殖的鳝苗；

——从国家认可的黄鳝原（良）种场人工繁殖获得鳝苗。

4.2.2　鳝苗质量要求

放养的鳝苗应无伤病、无畸形、活动能力强。

4.2.3　放养密度

卵黄囊消失后的鳝苗可投入培育池中饲养，放养密度宜为 200 尾/m^2～400 尾/m^2。

4.3　饲养管理

4.3.1　投饲和驯饲

鳝苗适宜的开口饲料有水蚯蚓、大型轮虫、枝角类、桡足类、摇蚊幼虫和微囊饲料等。经过 10d～15d 培育，当鳝苗长至

5cm以上时可开始驯饲配合饲料。驯饲时，将粉状饲料加水揉成团状定点投放池边，经1d～2d，鳝苗会自行摄食团状饲料。15cm以上苗种则需在鲜鱼浆或蚌肉中加入10%配合饲料，并逐渐增加配合饲料的比例，经5d～7d驯饲才能达到较好的效果。

4.3.2 投饲量

鲜活饲料的日投饲量为鳝体重的8%～12%，配合饲料的日投饲量（干重）为鳝体重的3%～4%。

4.3.3 分级饲养

根据鳝苗的生长和个体差异，应及时分级饲养，同一培育池的鳝苗规格应尽可能保持一致。当苗种长到个体重20g时转入食用鳝的饲养。

4.3.4 水质管理

应做到水质清爽，应勤换水保持水中溶氧量不低于3mg/L。流水饲养池水流量以每天交换2次～3次为宜，每周彻底换水一次。

4.3.5 水温管理

换水时水温差应控制在3℃以内。保持水温在20℃～28℃为宜。水温高于30℃，应采取加注新水、搭建遮阳棚、提高凤眼莲的覆盖面积或减小黄鳝密度等防暑措施；水温低于5℃时应采取提高水位确保水面不结冰、搭建塑料棚或放干池水后在泥土上铺盖稻草等防寒措施。

4.3.6 巡池

坚持早、中、晚巡池检查，每天投饲前检查防逃设施；随时掌握鳝吃食情况，并调整投饲量；观察鳝的活动情况，如发现异常，应及时处理；勤除杂草、敌害、污物；及时清除剩余饲料；查看水色，测量水温，闻有无异味，做好巡池日志。

5 食用鳝饲养

5.1 饲养方式

饲养方式可分为土池饲养、水泥池饲养和网箱饲养，根据具体情况选择适宜的饲养方式。

5.2 鳝种放养

5.2.1 鳝种来源

鳝种来源有：

——从原产地采捕野生鳝种；

——从国家认可的黄鳝原（良）种场人工繁殖、人工培育获得鳝种。

5.2.2 鳝种质量要求

放养的鳝种应反应灵敏、无伤病、活动能力强、黏液分泌正常。宜选择深黄大斑鳝、土红大斑鳝的地方种群。

5.2.3 放养密度

根据饲养方式确定放养密度，放养规格以20g/尾～50g/尾为宜，按规格分池饲养。面积 $20m^2$ 左右的流水饲养池放养鳝种 $1.0kg/m^2$～$1.5kg/m^2$ 为宜，面积 $2m^2$～$4m^2$ 的流水饲养池放养鳝种 $3kg/m^2$～$5kg/m^2$ 为宜，静水饲养池的放养量约为流水饲养池的二分之一；网箱放养鳝种 $1.0kg/m^2$～$2.0kg/m^2$ 为宜。

5.2.4 鳝种消毒

放养前鳝体应进行消毒，常用消毒药有：

——食盐：浓度2.5%～3%，浸浴5min～8min；

——聚维酮碘（含有效碘1%）：浓度20mg/L～30mg/L，浸浴10min～20min；

——四烷基季铵盐络合碘（季铵盐含量50%）：0.1mg/L～0.2mg/L，浸浴30min～60min。

消毒时水温差应小于3℃。

5.2.5 放养时间

放养鳝种的时间应选择在晴天，水温宜为15℃～25℃。

5.3 饲养管理

5.3.1 驯饲

野生鳝种入池宜投饲蚯蚓、小鱼、小虾和蚌肉等饲料，鳝种摄食正常一周后每 100kg 鳝用 0.2g～0.3g 左旋咪唑或甲苯咪唑拌饲驱虫一次，3d 后再驱虫一次，然后开始驯饲配合饲料。驯饲开始时，将鱼浆、蚯蚓或蚌肉与 10%配合饲料揉成团状饲料或加工成软颗粒饲料或直接拌入膨化颗粒饲料，然后逐渐减少活饲料用量。经 5d～7d 驯饲，鳝种能摄食配合饲料。

5.3.2　投饲

5.3.2.1　饲料种类

食用鳝饲料有：

——配合饲料；

——动物性饲料：鲜活鱼、虾、螺、蚌、蚬、蚯蚓、蝇蛆等；

——植物性饲料：新鲜麦芽、大豆饼（粕）、菜子饼（粕）、青菜、浮萍等。

5.3.2.2　投饲方法

5.3.2.2.1　定质：配合饲料安全限量应符合 NY5072 的规定；动物性饲料和植物性饲料应新鲜、无污染、无腐败变质，投饲前应洗净后在沸水中放置 3min～5min，或用高锰酸钾 20mg/L 浸泡 15min～20min，或食盐 5%浸泡 5min～10min，再用淡水漂洗后投饲。

5.3.2.2.2　定量：水温 20℃～28℃时，配合饲料的日投饲量（干重）为鳝体重的 1.5%～3%，鲜活饲料的日投饲量为鳝体重的 5%～12%；水温在 20℃以下，28℃以上时，配合饲料的日投饲量（干重）为鳝体重的 1%～2%，鲜活饲料的日投饲量为鳝体重的 4%～6%；投饲量的多少应根据季节、天气、水质和鳝的摄食强度进行调整，所投的饲料宜控制在 2h 内吃完。

5.3.2.2.3　定时：水温 20℃～28℃时，每天两次，分别为上午 9 时前和下午 3 时后；水温在 20℃以下，28℃以上时，每天上午投饲一次。

5.3.2.2.4　定点：饲料投饲点应固定，宜设置在阴凉暗处，并靠近池的上水口。

5.3.3　水质管理

按 4.3.4 执行。

5.3.4　水温管理

按 4.3.5 执行。

5.3.5　巡池

按 4.3.6 执行。

6　鳝病防治

6.1　鳝病预防

6.1.1　生态预防

鳝病预防宜以生态预防为主。生态预防措施有：

——保持良好的空间环境：养鳝场建造合理，满足黄鳝喜暗、喜静、喜温暖的生态习性要求；

——加强水质、水温管理：按 4.3.4 和 4.3.5 执行；

——在鳝池中种植挺水性植物或凤眼莲、喜旱莲子草等漂浮性植物；在池边种植一些攀援性植物；

——在池中搭配放养少量泥鳅以活跃水体；每池放入数只蟾蜍，以其分泌物预防鳝病。

6.1.2　药物预防

药物预防措施有：

——环境消毒：周边环境用漂白粉喷洒；鳝池和网箱消毒按 3.4 执行；

——定期消毒：饲养期间每 10d 用漂白粉（含有效氯 28%）1mg/L～2mg/L 全池遍洒，或生石灰 30mg/L～40mg/L 化浆全池遍洒，两者交替使用；

——鳝体消毒：按 5.2.4 执行；

——饲料消毒：按 5.3.2.2.1 执行；

——工具消毒：养鳝生产中所用的工具应定期消毒，每周 2 次～3 次。用于消毒的药物有高锰酸钾 100mg/L，浸洗 30min；食盐 5%，浸洗 30min；漂白粉 5%，浸洗 20min。发病池的用具应单独使用，或经严格消毒后再使用。

6.1.3 病鳝隔离

在养殖过程中，应加强巡池检查，一旦发现病鳝，应及时隔离饲养，并用药物处理。药物处理方法按 5.2.4 和 NY 5071 的规定执行。

6.2 常见鳝病及其治疗方法

常见鳝病及其治疗方法见表 2。

渔药的使用和休药期应按照 NY 5071 的规定执行。

表 2　常见鳝病及其治疗方法

病　名	症　状	治疗方法
赤皮病	病鳝体表发炎充血，尤其是鳝体两侧和腹部极为明显，呈块状，有时黄鳝上下颌及鳃盖也充血发炎。在病灶处常继发水霉菌感染。	用 1.0～1.2mg/L 漂白粉全池泼洒；用 0.05g/m² 明矾兑水泼洒，2d 后用 25g/m² 生石灰兑水泼洒；用 2～4mg/L 五倍子全池遍洒；每 100kg 黄鳝用磺胺嘧啶 5g 拌饲投饲，连喂 4d～6d。
打印病	患病部位先出现圆形或椭圆形坏死和糜烂，露出白色真皮，皮肤充血发炎的红斑形成显明的轮廓。病鳝游动缓慢，头常伸出水面，久不入穴。	外用药同赤皮病；内服药以每 100kg 黄鳝用 2g 磺胺间甲氧嘧啶拌饲投饲，连喂 5d～7d。
细菌性烂尾病	感染后尾柄充血发炎、糜烂，严重时尾部烂掉，肌肉出血、溃烂，骨骼外露，病鳝反应迟钝，头常露出水面。	用 10mg/L 的二氧化氯药浴病鳝 5min～10min；每 100kg 黄鳝用 5g 土霉素拌饲投饲，每天一次，连喂 5d～7d。
细菌性肠炎	病鳝离群独游，游动缓慢，鳝体发黑，头部尤甚，腹部出现红斑，食欲减退。剖开肠管可见肠管局部充血发炎，肠内没有食物，肠内黏液较多。	每 100kg 黄鳝每天用大蒜 30g 拌饲，分 2 次投饲，连喂 3d～5d；每 100kg 黄鳝用 5g 土霉素或磺胺甲基异唑，连喂 5d～7d。

（续）

病　名	症　状	治疗方法
出血病	病鳝皮肤及内部各器官出血，肝的损坏尤为严重，血管壁变薄甚至破裂。	用 10mg/L 的二氧化氯浸浴病鳝 5min～10min；每 100kg 黄鳝用 2.5g 氟哌酸拌饲投饲，连续 5d，第一天药量加倍。
水霉病	初期病灶并不明显，数天后病灶部位长出棉絮状菌丝，在体表迅速繁殖扩散，形成肉眼可见的白毛。	用 400mg/L 食盐、小苏打（1∶1）全池泼洒。
毛细线虫病	毛细线虫以其头部钻入寄主肠壁黏膜层，引起肠壁充血发炎，病鳝离穴分散池边，极度消瘦，继而死亡。	每 100kg 黄鳝用 0.2g～0.3g 左旋咪唑或甲苯咪唑，连喂 3d。
棘头虫病	棘头虫以其吻端钻进寄主肠黏膜，致肠壁发炎，轻者鳝体发黑，肠道充血，呈慢性炎症，重者可造成肠穿孔或肠管被堵塞，鳝体消瘦，有时可引起贫血、死亡。	每 100kg 黄鳝用 0.2g～0.3g 左旋咪唑或甲苯咪唑和 2g 大蒜素粉或磺胺嘧啶拌饲投饲，连喂 3d。

注 1：浸浴后药物残液不得倒入养殖水体。
注 2：磺胺类药物与甲氧苄氨嘧啶（TMP）同用，第一天药量加倍。

七、无公害泥鳅养殖技术规程（DB34/T419—2004）

1　范围

本标准规定了淡水水体无公害养殖泥鳅的基本方法和技术要领。

本标准适用于池塘、稻田、网箱等淡水水域环境养殖。

2　规范性引用文件

下列文件中的条款通过本标准的引用而成为本标准的条款。凡是注日期的引用文件，其随后所有的修改单（不包括勘误的内容）或修订版均不适用于本标准，然而，鼓励根据本标准达成协议的各方研究是否可使用这些文件的最新版本。凡是不注日期的引用文件，其最新版本适用于本标准。

NY5072—2002　无公害食品　渔用配合饲料安全限量。

NY5051—2002　无公害食品　淡水养殖用水水质。

NY5071—2002　无公害食品　渔用药物使用准则。

NY5070—2002　无公害食品　水产品中渔药残留限量。

3　池塘养殖

3.1　池塘条件

面积以 150m^2～300m^2 为宜，进、排水方便、避风向阳的土池，池的四周有高出水面 40cm 防逃设施，用水泥板、砖块、硬塑料板或三合土压实筑成，也可用聚乙烯网布沿池塘的四周围栏，网布下埋至硬土层，上高出水面 15cm～20cm。池深要求 80cm～100cm，底层淤泥 15cm～20cm，水深保持在 30cm～50cm。进水口高出水面 20cm，溢水口设在池塘正常水平面处，排水口设置在池底鱼溜底部。进、溢、排水口用密网布包裹，池底向排水口倾斜，并设置与排水口相连的鱼溜，其面积约为池底的 5%，低于池底 30cm～35cm。池中投放浮萍、水葫芦等水生植物，覆盖面积约占总面积的 1/4。

3.2　放养

3.2.1　清塘培水

鳅苗下池前 10d，用生石灰 20kg～30kg/100m^2 带水清塘消毒。消毒后施 30kg～45kg/100m^2 腐熟的人畜粪作基肥，池水加至 30cm。待水色变绿，透明度为 15cm～20cm 后，即可投放泥鳅苗种。

3.2.2　苗种放养量

3.2.2.1　培育鳅种：鳅苗出膜第 2d 便开口进食，饲养 3d～5d，体长 7mm 左右，卵黄囊消失，营外源性营养，能自由平游，此时可下池进入苗种培育阶段。鳅苗的放养密度以1 000尾～1 500尾/m² 为宜，有微流水条件的可适当增加。同一池中要放养同批孵化规格一致的鳅苗。经过30d左右培育，可长成3cm～4cm的鳅种，开始有钻泥习性时即可转入成鳅养殖。

3.2.2.2 成鳅养殖：鳅种放养前可用8mg/kg～10mg/kg漂白粉溶液进行消毒，水温10℃～15℃时浸洗时间为20min～30min。每平方米放3cm～4cm鳅种50尾～60尾。在泥鳅池中可适当搭养草、鲢、鳙等中上层鱼类夏花鱼种，不宜搭配罗非鱼、鲤、鲫鱼等。

3.3 投饵与日常管理

3.3.1 投饵：刚下池的鳅苗，需投喂轮虫、小型浮游植物等适口饵料，同时适当投喂熟蛋黄、鱼粉、豆饼等精饲料。鳅苗体长达到1厘米时，已可摄食水中昆虫、有机物碎屑等，并可投喂煮熟的糠、麸、玉米粉、麦粉等植物性饲料，拌和剁碎的鱼、虾、螺蚌肉等动物性饲料投喂，每日2～3次；同时，在饲料中逐步增加配合饲料的比重，使之逐渐适应人工配合饲料。饲料要求投放在离池底5厘米左右的食台上，切忌撒投。初期日投饲量为鳅苗总体重的2%～5%，后期5%～10%。泥鳅喜肥水，应及时追施经发酵的鸡、鸭粪等有机肥，每次用量约50千克/100m²。饵料要符合NY 5072—2002要求，下同。

3.3.2 日常管理：做好水质管理，及时加注新水，调节水质。还应根据水质肥度进行合理施肥，池水透明度控制在15cm～20cm，水色以黄绿色为好。当水温达30℃时要经常更换池水，并增加水深；当泥鳅常游到水面浮头“吞气”时，表明水中缺氧，应停止施肥，注入新水。冬季要增加池水深度，并可在池角施入牛粪、猪粪等厩肥，以提高水温，确保泥鳅安全越冬。水质要符合NY 5051—2002要求，下同。

4 稻田养殖

4.1 稻田选择与设施建造

凡泥质弱碱性和无冷浸水上冒，降雨时不会溢水的稻田均可。面积不宜过大，一般1 000m^{2}左右为宜。养鳅的稻田要筑好田埂，并在埂内侧埋下聚乙烯网布或塑料布防止泥鳅钻洞逃逸，或在四周插上钙塑板（入泥30cm）等防逃设施。进、排水口要建二道拦网，外侧可用聚乙烯网，内侧用金属网。田内挖适度大小的鱼溜，鱼溜可分为方形、圆形或不规则形，或开挖纵横数条沟，沟宽、深均为30cm～40cm，鱼溜或坑和沟的面积一般占稻田面积的5%～10%，便于夏季高温、施农药化肥及水稻晒田时作为泥鳅的栖息场所，同时易于集中捕捞。

4.2　苗种放养

4.2.1　施肥培水与鳅种放养时间

稻鳅轮作养殖方式：在早稻收割后，晒田3d～4d，每100m^{2}撒米糠、菜子饼20kg，次日施腐熟的有机粪肥40kg/100m^2，再在日光下晒4d～5d，使其腐烂分解，然后蓄水，放养鳅种。

稻鳅兼作养殖方式：一般在插秧后放养鳅种，单季稻放养时间宜在初次耘田后为宜；双季稻放养时间宜在晚稻插秧后。

4.2.2　鳅种放养量

以养殖成鳅为主，一般放养规格3cm～5cm的鳅种3 000尾～4 000尾/100m^2。由于稻田养鳅疾病较难治疗，故在放养鳅种时，必须经过检疫或采取鱼种消毒等预防措施

4.3　投饵与日常管理

4.3.1　投饵：泥鳅苗、种放入后，第一个月应投喂动物性饲料和植物性饲料各一半的混合饲料，一日一次，每次投喂量为泥鳅总体重的3%～4%，一个月后，每隔15d追肥一次，每次追施经发酵的有机肥15kg/100m^2，同时投喂蚕蛹、米糠、豆饼、菜饼、动物下脚料等饲料，后期最好在集鱼坑内施肥投饵，这样有利于集中起捕。

4.3.2　日常管理：经常检查防逃设施，水位应根据稻或鳅的需

要适时调节，从插秧到分蘖，用水要适当浅些，以促进水稻生根分蘖，水稻拔节期要适当加深水位，这样的水位管理既能促进水稻的生长，也适宜泥鳅的生长。在大雨涨水时，要特别注意防止泥鳅逃出田外。

5　网箱养殖

5.1　网箱材料与面积

网箱分为苗种培育箱和成鳅养殖箱两种。苗种培育网箱，采用聚乙烯网布做成，面积一般为 $10m^2 \sim 25m^2$；成鳅饲养网箱，采用 3×3 聚乙烯网片做成，网目为 0.5cm～1.0cm，面积为 $50m^2$ 左右。

5.2　网箱设置

网箱可设置在池塘、河边、水渠、湖泊等水体。箱底着泥，箱内必须铺上 10cm～15cm 左右的泥土或适量的水生植物。

5.3　苗种放养量

苗种培育箱每平方米放养体长 7mm 左右的鳅苗 3 万尾；成鳅养殖箱每平方米放养体长为 3cm～4cm 的鳅种 1 000 尾～2 000 尾，体长为 5cm 的放养 500 尾～1 000 尾。此外，根据网箱设置的水体肥度适当调整放养量，水肥放养量可以增加，水瘦放养量可适当减少。

5.4　投饵与日常管理

5.4.1　投饵：网箱养殖泥鳅基本上全依赖人工投饵。泥鳅食性广，可投喂鱼粉、动物内脏、蚯蚓、小杂鱼肉、血粉等动物性饲料，豆粕、菜粕、次粉、麦麸、谷物等植物性饲料以及人工配合饲料。投喂饲料，一般在每天上、下午各一次，日投饵量为泥鳅体重的 4%～10%。投饲料视水质、天气、摄食情况灵活掌握。水温 15℃以上时泥鳅食欲逐渐增强，25℃～27℃食欲特别旺盛，超过 30℃或低于 12℃时，应少投甚至停喂饲料。投饲料要做到定时、定点、定质、定量，与池塘养鳅的方法相同。

5.4.2 日常管理：勤刷网衣，保持网箱内水体流通，溶氧丰富，并使足够的浮游生物进入箱内，为泥鳅提供丰富的天然饵料。经常检查网衣，防止泥鳅逃逸。

5.5 病害防治

泥鳅的病害比较多，分成敌害和疾病两大类。其中，敌害主要是指危害性生物、农药和公害物等，此外是各种疾病。病害的防治以不产生公害为原则，并符合 NY 5071—2002 和 NY 5070—2002 要求。

5.5.1 防止敌害

5.5.1.1 防止危害性生物入侵：泥鳅苗、种期的敌害生物主要有蝌蚪与蛙类、水生昆虫和幼虫、鸟类及其肉食性鱼类（如鲶鱼、鳜鱼和乌鳢）等。为了防备这类生物的危害，养殖环境必须设置防护设备，以防蛙类侵入，如果发现蛙类应及时捕杀，捞出蛙卵；养鳅环境必须清除肉食性鱼类，并设防进水时混入。

5.5.1.2 防止农药和公害物的流入：凡是农田（喷洒农药后）排放水，污染的工业用水等公害物，一律严禁流入养鳅水体。养鳅的稻田也仅允许使用高效低毒的农药。

5.5.2 疾病防治

水霉病

症状：病鳅体表附着白色毛状水霉。此病多发生于水温较低时期，当鱼体受伤时极易感染。

防治办法：①捕捉、运输泥鳅时，尽量避免机械损伤；②用4%的食盐水浸洗病鳅 3min～5min。

赤鳍病

症状：由短杆菌感染所致。病鳅鳍、腹部、皮肤及肛门周围充血、溃烂、尾鳍、胸鳍发白腐烂。

防治方法：用 1ppm 浓度漂白粉全池泼洒；或 0.5mg/kg 浓度杀灭海因全池泼洒。

打印病

症状：由病原菌所致。病鳅病灶浮肿、红色，呈椭圆形、圆形。患处主要在尾柄两侧，似打上印章。

防治方法：用 0.5mg/kg 浓度杀灭海因全池泼洒可达到治疗目的。

寄生虫病

症状：主要由车轮虫、舌杯虫和三代虫等寄生所致。病鳅体瘦弱，常浮于水面，不安，或在水面打转，体表黏液增多。

防治办法：①用 0.7g/m^3 硫酸铜和硫酸亚铁（5∶2）合剂全池泼洒，可防治车轮虫和舌杯虫病；②用 0.5g/m^3 晶体敌百虫全池泼洒，可防治三代虫病。

气泡病

症状：病鳅浮于水面。因水中氧气或其他气体含量过多而引起，主要危害鱼苗。

防治办法：①立即冲入清水或黄泥浆水；②及时清除池中腐败物，不施用未发酵的肥料。

参考文献

[1] 徐兴川等．黄鳝、泥鳅标准化养殖新技术．北京：中国农业出版社．2005
[2] 戈贤平等．无公害泥鳅、黄鳝标准化生产．北京：中国农业出版社．2006
[3] 高志慧等．黄鳝、泥鳅健康养殖新技术．北京：海洋出版社．2005
[4] 司亚东等．黄鳝实用养殖技术．北京：金盾出版社．2003
[5] 袁善卿、薛镇宇．泥鳅养殖技术．北京：金盾出版社．2000
[6] 袁善卿、薛镇宇．黄鳝高效益养殖技术．北京：金盾出版社．2005
[7] 陈焕根等．新兴淡水特种水产品实用养殖技术．北京：中国农业出版社．2006
[8] 邱楚武．鱼虾蟹饲料的配置及配方精选．北京：金盾出版社．2002
[9] 曾双明．妙用百草养黄鳝．北京：农业出版社．2007
[10] 赖宏伟，谭四．池塘暂养泥鳅技术总结．河南水产．2004.3：19
[11] 张新峰．稻田泥鳅养殖技术．内陆水产．2004.9
[12] 季东升．泥鳅常见疾病及防治方法．淡水渔业．2002.32（4）：59～60
[13] 张日喜，宗玉乔，孙兆年．泥鳅池塘精养试验．2004.5
[14] 王树林．泥鳅的捕捞方法．河北渔业．2002.6：19
[15] 张新峰．泥鳅的稻田饲养．水产科技情报．2004.31（6）：259～260
[16] 戴海平．泥鳅的人工繁育试验．水产科技情报．2004.31（3）：115～117
[17] 王利庆，王建红，田东岭．泥鳅的人工饲养技术．2004.21（4）：33
[18] 黄文，张修协，李文健．泥鳅的网箱养殖及常见病害防治技术．湖南环境生物职业技术学院学报．2004.10（1）：36～37
[19] 李才根．泥鳅的暂养与活运技术．河北渔业．2002.5：32，40
[20] 王大鹏，佟广军．泥鳅庭院养殖技术要求．水产养殖．2003.24（5）：48
[21] 周本翔，杨东辉．泥鳅网箱培育及人工繁殖．水利渔业．2004.24

(6)：48～49
[22] 王敏，陈福斌．鱼种池套养泥鳅试验．水利渔业．2004.24（2)：41～42
[23] 陈梅．黄鳝稻田养殖．齐鲁渔业．2006.23（12)：31
[24] 刘国信．黄鳝的养殖技术．北京农业．2007.3：37～38
[25] 张玲宏等．黄鳝健康养殖的水质调理．河南水产．2006.4：12～13
[26] 周文宗等．黄鳝浅水无土半人工繁殖研究．江西农业大学学报．2007.29（1)：105～110
[27] 高泽霞，魏小虎．黄鳝无公害养殖病害防治．水产养殖．2006.27（6)：42～44
[28] 储张杰．黄鳝性逆转研究进展．水利渔业．2006.26（6)：19～23
[29] 李青春．人工养殖黄鳝存在的问题及对策．齐鲁渔业．2007.24（2)：49～50
[30] 孙志周．鱼池网箱养殖黄鳝技术．齐鲁渔业．2007.24（1)：30～31